铜文化故事

The Stroy of Copper Culture

主编 王 申 吕凌峰

中国科学技术大学出版社

内 容 简 介

本书是一本古今中外历史上有关铜的小故事集,作者广泛搜罗,用心编排,为我们讲述了一个个有趣的故事。内容包括铜与人类早期文明、铜与神话传说、铜与重大历史事件、铜与传统礼制、铜与日常生活,以及铜与国宝、铜与古代科技等等。故事短小精悍,但丰富精彩,瑰丽多姿。每个故事都配有精美的插图,图文并茂,艺术感和历史感强,便于读者欣赏。

本书语言通俗易懂,活泼流畅,可读性佳,适合广大热爱中国传统文化的读者研读参考。

图书在版编目(CIP)数据

铜文化故事/王申,吕凌峰主编.—合肥:中国科学技术大学出版社,2018.4
(2018.10重印)
(铜文化书系)
ISBN 978-7-312-04446-5

Ⅰ.铜… Ⅱ.①王… ②吕… Ⅲ.铜—普及读物 Ⅳ.O614.121-49

中国版本图书馆CIP数据核字(2018)第053167号

出版	中国科学技术大学出版社
	安徽省合肥市金寨路96号,230026
	http://press.ustc.edu.cn
	https://zgkxjsdxcbs.tmall.com
印刷	鹤山雅图仕印刷有限公司
发行	中国科学技术大学出版社
经销	全国新华书店
开本	710 mm×1000 mm　1/16
印张	18.25
字数	318千
版次	2018年4月第1版
印次	2018年10月第2次印刷
定价	88.00元

总　序

倪玉平

一

铜是一部活生生的史书。

人类文明由铜开始铸就。在人类历史发展进程中，铜是金属家族里伟大的先行者和开拓者。

铜为人类早期使用的金属之一。铜器的出现，成为人类进入文明社会的三大标志之一。无论是两河流域的苏美尔人，还是尼罗河岸的古埃及人，都与铜结下不解之缘；无论是希腊的迈锡尼文明，还是中西欧的钟杯战斧文化，都有铜刻下的深深烙印。

世界各大文明都先后经历过青铜时代，但只有中华文明创造出青铜时代的别样辉煌，使人类青铜文化臻于鼎盛。中国古代青铜器自诞生之初，就被赋予很多特殊内涵，远远超出其一般的实用功能，而与当时的政治、经济、文化以及人们的思想与信仰等紧密联系在一起。夏、商、周三代，青铜器既是祭祀、礼乐、战争等文化的物质载体，又是宗法制度、礼器制度、等级制度的外在化身，甚至成为国家、权力、地位和财富的象征。多变的造型、精美的工艺、奇异的纹饰、典雅的铭文，让古代青铜器散发出穿越时代的独特美学气质和文化气息，令人叹为观止。青铜时代夯实了中华文明的根基，对中华文明的发展和演进产生了非常深远的影响。与之相关的历史典故和传说，色彩斑斓，绚丽灿烂，如大禹铸鼎、问鼎中原、一言九鼎、干将莫邪等，不仅丰富了青铜文化的精神内涵，而且成为中华民族精神风貌的一种表征。

春秋战国以降，青铜器承载的礼制与政治功能逐步式微，铜生产开始走向世俗化。秦汉之际，一千五百多年的中国青铜时代宣告谢幕。虽然如此，铜的光彩并没有被湮没，铜器制作并没有衰退，铜的生产对象加快转变，实用功能特别是经济功能日益放大。秦汉之后，铜的主要用途之一是铸造货币，如秦代的半两、两汉的五铢、唐至明清的通宝等，铜作为货币材料的历史超过两千年。帝国时代，铜器皿成为中国钱币文化、商业文化、宗教文化、科技文化与生活文化的物质载体，铜文化的面貌全面更新。

"铜之为物至精"，堪称一种神奇的金属。它有良好的延展性能，有高效的导热导电性能，有易成型、耐腐蚀、与其他金属相融性强等特点。因此，在工业化时代，铜是不可或缺的重要生产资料。随着人类科学技术水平的发展，铜也成为高科技应用领域的首选材料之一，在信息化时代的应用前景非常广阔，铜的未来必将焕发新的光彩，书写新的辉煌。

二

铜陵是铜所成就的一座城市。

回望历史，细梳脉络，可以发现，铜陵在华夏青铜文明衍生之际就占有一席之地，在推动历史发展进程中一直发挥着独特作用，堪称中华青铜文明的一处源头和中国历史发展的一面镜子。

铜陵在中国冶金史和先秦文明发展史上的位置不可替代，与古今中外其他任何产铜地区相比，更有其不可比拟的独特性。

其一，历史悠久，绵延不断。师姑墩遗址考古证明，早在商周之前，铜陵地区就已经开始了青铜采冶铸造活动。此后，经春秋、战国、秦汉、唐宋、明清，一直延续到当代，三千多年几无间断。世界上产铜最早的地方或许有待考证，但论及产铜持续时间之长、历史跨度之大，铜陵首屈一指，独领风骚。

其二，规模巨大，举足轻重。自商周起，铜陵一直是国家铜资源的战略要地和重要的产地之一，为中国青铜文化的繁荣与发达提供了源源不断的原料支撑。西周时期太伯封吴、春秋之季吴楚争霸等一幕幕历史大剧，都隐隐约约与古铜陵地区有着千丝万缕的联系。在矿冶专家眼中有"世界冶炼史上的奇观"之称的罗家村大炼渣，是汉唐时期铜陵冶炼规模盛大的历史见证。1991年，著名矿冶考古专家华觉明先生评价："铜陵从商周到唐宋一直是我国采铜冶铜的中心，铜陵在古代所处的地位，就像今天的宝钢、鞍钢一样，举足轻重。"

其三，技术先进，质量一流。考古发掘和大量出土的青铜器证明，古代铜陵地区不仅掌握了先进的铜冶炼技术，而且拥有高超的铸造技艺。"木鱼山冰铜锭"是迄今中国最早的硫化铜冶炼遗物，它的发现，把中国冶炼硫化铜矿的历史推前了一千多年。"青铜绳耳甗""饕餮纹爵""饕餮纹斝"等青铜器的面世，见证了失蜡法铸造工艺的"铜陵存在"。与冶炼技术相关联，铜陵所产久负盛名，自古有"丹阳出善铜"之说，这无疑是铜陵地区最早的口口相传的产品质量广告。

其四，铜官流韵，积淀深厚。为维护中央集权，汉武帝推行"盐铁官营""货币官铸"等一系列政策。在此背景下，"盐官""铁官""铜官"等国家管理机构应运而生。盐官、铁官设于多处，唯有铜官设于铜陵，全国独一无二。显而易见，铜官地位更为特殊。铜官的设立，是古代铜的经济功能迅速放大的一个重要分界节点，对汉代之后的政治、经济和社会发展产生了重要影响。铜官在铜陵设置，使得古铜陵地区与整个国家经济命脉直接产生联系，因而也是铜陵历史发展进程中的一个重要分界节点。此后，历代王朝大多在此地设置中央直属机构，只是管理内容或有变化，南北朝后增加了铸币功能，其中著名的"梅根冶"，自南朝宋开始定名，一直沿用至明清时期。唐代在铜陵先置铜官镇，后设义安县，铜陵及周边地区有"梅根监""宛陵监"和"铜官冶"三个铸币机构，唐玄宗甚至诏封铜陵的铜官山为"利国山"，史所罕见。铜官迭代更新，人文荟萃，大大丰富了铜陵铜文化的底蕴与内涵。

新中国成立后，铜陵满怀豪情重整矿业。六十多年来，创造了新中国铜工业的多项第一：自行设计建设了第一座机械化露天铜矿，第一次掌握了氧化矿处理技术，建成了第一个现代冶炼工厂，炼出第一炉铜水、产出第一块铜锭，诞生出中国铜业第一个上市公司，电解铜产量连续多年保持全国第一……与此同时，为国家有色金属产地培养输送了大批技术人才与熟练工人，成为共和国的铜业摇篮。如今，铜陵年产电解铜超过百万吨，稳居世界前列；铜加工材年产量超过电解铜，铜陵铜业加工迈入新时代。2016年，国际铜加工协会总裁马克·拉维特评价铜陵："中国铜产业链条最长，产品品种最全，技术水平最高。"而今，在实现中国梦的伟大征途中，铜陵正按照"抓住铜、延伸铜、不唯铜、超越铜"的思路，朝着建设"世界铜都"的目标奋勇进发。

三

文化是城市的灵魂，也是推动城市发展的重要资源。铜陵三千年炉火，熔炼的是铜矿，最终也锻造出这座城市的文化精魂，"古朴厚重，熔旧铸新，自强不息，敢为人先"，正是其精神内涵的表达。铜矿等物质资源固然是铜陵极为宝贵的发展资源，但几千年积淀形成的铜文化资源，无疑是铜陵蕴藏更丰厚、价值更宝贵的资源，取之不尽、用之不竭，对铜陵今后的转型发展更具有重大而深远的意义。

改革开放以来，特别是近些年来，铜陵把铜文化的研究、保护、开发和利用摆上重要日程。先后规划建设了数十项铜文化项目，包括修建铜文化古遗址，打造铜文化博物馆，建设铜文化雕塑，发掘运用铜文化元素，发展铜文化相关产业。这些努力，有效地塑造了城市特色，提升了城市品位，也显著增强了城市文化凝聚力和文化自信。

建设"世界铜都"是铜陵发展的一大定位。实现这一愿景，不仅需要推动铜及其关联产业实现大发展，而且需要铜文化建设取得大突破。从文化传承的角度看，发掘铜文化精华、弘扬铜文化精神，是弘扬中华优秀传统文化的题中应有之义。铜文化虽不专属于铜陵，但是作为"中国古铜都，当代铜基地"，推动铜文化实现"创造性转化、创新性发展"，铜陵既有责任、有义务，更应有担当、有作为。

四

基于以上动因，2016年铜陵市人民政府经过研究，决定组织编撰"铜文化书系"。我们邀请国内相关专家，围绕铜是什么、青铜时代的内涵、铜陵在中国铜文化中的历史定位、青铜器鉴赏与铜文化故事等五个专题，进行深入研究，期望作出比较系统完备的概括和论述，进而更好地促进铜陵地域特色文化加速开发、利用、成型。

该项工作启动以来，我们本着认真负责的精神，在专家遴选、进度安排、选题论证等方面精心组织。参与编撰的专家团队本着治学严谨的精神，在内容筛选、谋篇布局、学术论证、叙述风格上一丝不苟，反复推敲，精益求精。经过一年多的努力，终于完成编撰工作并付梓。在已经成文的书系作品当中，《铜与古代科技》以科学的视角，多侧面讲述铜的物理属性、化学属性以及铜与其他金属、学科之间的关系，力求整体、全面、系统地展示铜的风采。《青铜器与中国青铜时代》以通俗的语言，全景式讲述中国古代青铜器从史前"初步使用"发展到"寓礼于器"及再回归世俗的历史进程，以青铜时代的重要事件如王国崛起、族本结构、社会秩序、经典铜器等论述"道与器""器与礼"的关系。《从铜官到铜陵：铜陵与中国大历史》以铜官设置为主线，考证铜官与国家经济的关系，铜官的来由、职能和发展过程，论述铜陵与铜官、铜与江南经济崛起的密切关系。《图说中华铜文化》将仰韶中期到当代的跨度分为八个历史时段，讲述各时期铜器的特点、制造工艺和鉴赏方法，全面、多元地反映中华铜文化的丰富内涵。《铜文化故事》汇集历史上一个个跟铜相关的经典故事，让人在轻松阅读中形象、直观地感受铜文化的魅力。总体上看，本书系比较全面地反映了铜文化概貌。

作为国内第一套全面介绍铜文化的普及性读物，我们衷心期望本书系能够有助于广大读者了解铜陵、走进铜陵，感受铜文化魅力，拓展文化视野，增强文化自觉与文化自信。对广大文化工作者（包括城市规划设计工作者）而言，则期望其能够从中有所启发，有所感悟，有所借鉴。同时，也希望相关领域的专业工作者，在现有研究的基础上，有新的拓展、新的创见，把铜文化研究进一步推向深入。

前　言

　　本书是以铜为主要对象的历史文化故事和趣闻的汇编。人类对铜的利用，有着悠久的历史。中国的夏商周时代，又有"青铜时代"之称，在青铜铸造领域达到极高成就。希腊神话中，也有青铜时代的传说，经考古研究，应是爱琴海和希腊半岛早期文明的反映。铜的发现与利用，是人类文明进阶的象征，在漫长的历史长河中，铜也深刻塑造了人类物质与精神的世界，广泛地影响了人们生活的方方面面。

　　先秦时期，青铜器不仅是贵族的日常用具，更是贵重的礼器，是身份和地位的象征。鼎是其中的代表，历史上有黄帝铸鼎、禹铸九鼎、武王迁鼎、成王定鼎、楚王问鼎、霸王举鼎、泗水捞鼎的记载与传说。在同一时期，铜器上铸造的文字——金文，成为汉字史上的一种重要字体；用青铜锻造的宝剑，在战场上闪着寒光；铜制的虎符，是调兵遣将的凭证；以铜铸成的形式各样的货币，在各诸侯国之间流通……铜出现在人类政治、军事、经济、文化等重要领域，开始扮演重要角色。

　　秦朝及以后，铜更广泛地渗透到人们生活中来。秦始皇统一货币，定铜为下币，铸秦半两流通全国；铜制秦权和秦升成为统一度量衡的标准。在科技领域，有铜壶滴漏用于计时，针灸铜人用于医疗，地动仪用于地震预测，铜活字用于印刷；在建筑领域，有铜铸的金殿、宝塔、地宫、亭台和桥梁；在生活领域，有铜钱、铜钟、铜鼓、铜铃、铜锣、铜缸、铜镜、铜锁、铜炉、铜灯、铜印、铜版画等等。

　　铜也参与了人们精神领域的塑造。铜铸的佛像金碧辉煌，寄托着佛教徒们的虔诚信仰，而历史上的灭佛运动，又使铜像罹遭劫难。铜金属性质稳定，被认为是"物之至精，不为燥湿寒暑变其节，不为风雨暴露改其形"，因而象征着稳定与永恒。铜制的"金丹"和"金铜仙人"的传说反映了人们对长生不老的渴望。对"铜山西崩，洛钟东应"自然现象的解释，是古人对万物感应的理解。而历史变迁中的铜驼陌、铜驼街、铜驼暮雨、铜驼荆棘则塑造了人们对政权兴衰与沧桑的感受。

近代以来，铜在影响人类文明进程中的作用丝毫没有减弱。铜制大炮改变了战争方式，成为西方列强全球殖民的利器；铜制枪弹提高了搏杀效率，让战争真正成了"绞肉机"；铜矿的勘查与开采进入全新阶段；铜业日益成为国民经济的重要组成部分；铜金属成为信息经济的基础之一，是电子元件、精密仪器不可或缺的材料……

以上种种，都有丰富的故事值得书写。本书不企图作宏大主题的讨论或深入的学术分析，而是选取历史上有关铜的一则则小故事，大致按照政治、军事、经济、文化、日常生活、神话传说、青铜器及铜造像故事等次序先后呈现给大家。这些小故事以中国的铜故事为主，但也略及国外的部分。每则故事或记述都自成一体，相互独立，方便读者选取有兴趣的部分阅读。

有关铜的故事丰富多彩，包罗万象，本书不追求、也不可能做到面面俱到的呈现。收录到本书中的101例，谨作为介绍大家了解铜世界的一个小引，倘若读者能够借此产生对铜的兴趣和关注，留意或追寻更多有关铜的精彩故事，本书的任务就完成了。

目　录

xi

目

录

1 黄帝铸鼎

传说黄帝是华夏民族的祖先，少典的儿子，姓公孙，名轩辕，刚出生不久便会说话，自幼就表现出超人的天赋，聪明机敏，长大后能明察事理。黄帝一生战功赫赫，与炎帝战于阪泉之野，获得大胜，又征讨不服从统治的蚩尤，战于涿鹿之野，擒杀蚩尤。轩辕从此被各地诸侯尊为天子，取代了神农氏的统治，在其统治下经济发展，社会稳定。

汉代的饱学之士刘向在《列仙传》中说，黄帝能够预知万物，在自己将要去世的那一天，召集群臣交代完后事便安然闭目。人们将他埋葬于桥山，但须臾间桥山崩坏，黄帝灵柩也空无尸首，只有神鸟围绕灵柩盘旋。刘向还提到，有仙书中记载着另一种黄帝升仙的说法。据说黄帝晚年曾在首山上采铜，到荆山下铸鼎，鼎铸成后，有龙垂着长长的髯须，从云中下来迎驾，黄帝遂骑上神龙，飞腾升天。群臣百官望见后，都争相抓住龙的长须，想追随黄帝而去。黄帝震荡龙须，群臣纷纷坠地，只好仰望黄帝痛哭流涕。这便是黄帝荆山铸鼎的故事，铜鼎成而龙出，可见它是通天的神器。至今陕西西安附近仍有鼎湖、铸鼎村、盘龙村和化龙堡等地名，相传正是黄帝铸鼎的故地。

鼎既为通神的圣物，自然只有掌握王权的人才能铸。历史上的第二次铸鼎之举，便是传说中的大禹铸九鼎。大禹通过治理荒蛮时代的滔天洪水，立下绝世之功，在舜死后被共推为部落首领。相传禹为了便于管理各地，将天下划分为九州。根据《尚书》的记载，这九州分别是冀州、兖州、青州、徐州、扬州、荆州、梁州、雍州、豫州。九州划定后，大禹曾命令各州的地方长官"九收"负责征敛青铜，贡献于中央，然后以铜铸成九鼎。各州的山川物形皆分别铸于鼎身，九鼎会聚中央，象征对四方的拢聚和管控。掌有九鼎，就意味着各部臣服，意味着拥有天下。这就是司马迁在《史记》中所记载的："禹收九牧之金，铸九鼎，象九州。"

灵宝黄帝铸鼎塬

鼎在历史上最初不过是烹饪肉食的炊具，在青铜鼎之前，先民还曾有过用泥巴烧制陶鼎的经历，或三足，或四足，底下堆柴生火，烧煮肉羹。而随着历史的发展，鼎逐渐成为权力的象征，演变成古代最重要的礼器，功能发生了重要变化，象征性大过了实用性。因此也才有了黄帝铸鼎和禹铸九鼎的传说。禹鼎铸成后，鼎已然就是权力的物化。源于国运兴衰和治乱更替，后世天子及诸侯，便围绕铜鼎发生几多故事，演绎无数纷争。

2 武王迁鼎

大禹因治水有功，铸九鼎作为纪念，鼎因此成为国家政权的象征，被置于天子所居之地。所以，后人就形成一种观念：国都在哪里，鼎就在哪里，或者说，鼎放在哪里，哪里就是首都。夏朝末年，桀居于都城斟鄩，鼎便置于此地。商汤克夏后，建都于亳，又将鼎移置于亳。按照这一惯例，周武王在灭掉商朝后，亦命人以车载鼎，欲将其运至当时西岐的治所镐京。

当载着九鼎的车队随武王途经河洛时，这位雄才大略的天子脑中在思考一个重大问题：灭商前周是地方部落，政治中心在镐京，灭商后周部落就成了和商王朝一样拥有四海之地的周王朝，统治势力从西部伸向遥远的东部，原作为部落政治中心的镐京，位置相对于整个统治区域来说过于偏西，不能适应周王朝统治东部的客观要求。因此，周武王要建立周王朝，必须在镐京之外再营造一个政治和军事中心，否则远离镐京之地鞭长莫及，不利于控制。想到这里，周武王夜不能寐。在洛阳停留期间，他全面考察了洛阳盆地和周边的山川形势，得出结论：洛阳盆地之内夏都旧址一带是建立新都的理想之所：既可西保周的老家，又可东控新占领的殷地。于是他对弟弟姬旦说，他要把周王朝的首都建在位置适中、形势险要的"有夏之居"。英雄所见略同，他的想法得到姬旦的支持。

周武王和姬旦于是在洛水北岸、邙山南麓之间的平坦处确定了建城新址。洛水北岸虽然没有大型城池，但小规模的城堡尚有多处。经过慎重选择，最后选定了一个叫郏鄏的地方。灭商前郏鄏是一座军事性城堡，武王伐纣前曾将此地作为军事大本营。郏鄏背靠邙山、南望洛水、西邻涧水、东对瀍水。周武王计划以此为基础，进行扩建，使之成为以邙山为屏障，以涧、瀍、洛三条河流为护城河的新都。确定郏鄏为都城之基础后，周武王就把带来的九鼎安置在郏鄏，预示这里将是王权中心，天子长居之处，四海共尊之地。

大克鼎

（上海博物馆藏）

　　武王布局谋划妥当以后，即着手施工，然而他并没能亲见新都建成便去世了。武王去世后，周成王继位，武王的弟弟周公辅佐政权。周公此时一方面指挥军队平定东方的叛乱，另一方面抓紧营建新城。周成王五年，新都建成，周朝遂迁都于此，由于扩建后的都城南傍洛水，所以又称为"洛邑"。现存国宝青铜器何尊铭文中，有"宅兹中国"四字，全文记述的是成王继承武王遗志，营建东都成周之事。这里的中国就是指成周地区，也就是现在的洛阳。西周时期的洛邑作为周朝东都，驻守由周王室直接控制的周八师，每师有二千五百人，共两万人，成为镐京之外的另一个政治军事中心。

　　因为建都洛邑的计划始于武王，成于成王，故《左传》记载："成王定鼎于郏鄏，卜世三十，卜年七百，天所命也。"这里所说的"定鼎"并非指成王将九鼎定于郏鄏，而是用了引申义，指营建都城这件事，以定鼎喻指新设权力中心。

3 楚王问鼎

平王东迁后，周天子王权开始衰落，不能担当共主的责任，诸侯势力不断增强。周天子无力自保和抵抗外族入侵，须依赖诸侯国保护，致使王室地位不断衰落，最终形成春秋时期群雄争霸的局面。春秋时期有五霸——齐桓公、晋文公、秦穆公、楚庄王和宋襄公，他们曾独霸一方，周王室面临尾大不掉之势。礼坏乐崩之世，各诸侯王靠实力说话，不再把周天子放在眼里。本篇故事的主角是雄霸南方的楚庄王。

楚国的王族来自中原。西周前期，居于江汉的楚国甚弱，不闻于诸侯。西周后期，楚国开始强大起来，周王在楚国北部汉水之阳设立姬姓诸国，以遏制楚国向北发展。春秋时期，王室衰微，楚国开始开疆拓土，公元前704年，楚君熊通自立为武王，断绝与周王室的朝贡关系。接着历代楚王励精图治，荆蛮之地尽为楚有，汉阳诸姬或降或灭。齐桓公时，率诸侯伐楚，楚成王使大夫屈完与诸侯会盟于召陵，诸侯退兵。齐桓公卒，宋襄公欲谋霸，召楚成王，楚王大怒，率军破宋，俘获宋襄公而后释之。不久，晋、楚大战于城濮，楚师败绩。公元前626年，楚太子商臣逼死楚成王而即位，是为楚穆王。十二年后，穆王卒，其子旅即位，是为楚庄王。

楚庄王即位三年，不出号令。大臣伍举、苏从进谏。伍举借寓言打探庄王的想法说："有一只大鸟停在山头，三年了，不飞也不鸣，请问大王这是什么鸟？"庄王说："三年不动，它是在谋定意志；不飞，它在丰满羽翼；不鸣，是在察看治下百姓的素质。"又说："这只鸟虽然三年不飞，但一飞将直冲云霄；三年不鸣，将一鸣惊人。"自此以后庄王励精图治，先是诛杀平日阿谀奉承、为非作歹的奸佞大臣，后又招致贤良才俊和品行正直的君子，赢得了楚国百姓的大力拥护。

国内大治后，楚庄王开始与各诸侯强国逐鹿中原。在他即位的第六年，楚军大败晋军于北林。次年，楚国助郑国大败宋国于大棘。

公元前606年，为周定王元年，楚庄王八年。庄王亲征，讨伐陆浑之戎。陆浑之戎是姜戎的一支，不同于华夏族的少数民族，原住在西北的瓜州，由于不臣服于秦国，秦国率兵驱逐之。晋献公认为，姜戎是炎帝后裔，应与华夏族同等待之，于是把伊水中上游的山地封赐给姜戎。姜戎立国于伊水，熊耳山区尽为戎地。陆浑之戎成为楚国北扩的重大障碍，楚庄王决定武力剿灭。

楚大鼎

（安徽省博物院藏）

陆浑之戎生性剽悍，习于骑战，但不善于战阵兵法。楚军长驱直入，大破陆浑之戎。楚军到达洛水，楚庄王在洛水之滨举行盛大的阅兵式，欲以威吓天子，与周分割天下。

楚军阅兵于周疆的消息传到洛邑，周王室极为恐慌。周大夫王孙满请求慰劳楚王，以观其动静，周定王许之。

王孙满素有贤德，是一位杰出的政治家。他到达洛水之南，见楚军营帐相连，甲胄鲜明，楚王居于中帐，不降阶相迎。王孙满见楚王，致天子劳师之意。楚王问："我听说九鼎在洛邑，其大小轻重如何？"鼎是至高无上的王权象征，楚王此问暴露其轻薄周王室，欲取而代之的野心，实为大逆不道。王孙满心知其意，按下怒火，冷静从容对道："想要一统天下，靠的是德行而不是铜鼎。昔日大禹有德，各方朝贡，献金九牧，以铸九鼎。夏桀昏愦无德，鼎迁于商。商纣暴虐，鼎迁于周。成王定鼎于郏鄏，卜世三十，卜年七百，受命于天。周德虽衰，天命未改，鼎之轻重，岂容尔等诸侯轻问！"

楚庄王听闻此言，知道取代周王室权力的时机还不成熟，于是整师而退。

4 霸王举鼎

提起楚霸王项羽，首先映入人们脑海的便是他"力拔山兮气盖世"的英雄形象，同时也难免带有些悲情色彩。这位曾经气吞山河，率队击溃秦军主力的霸王，在与刘邦对峙的最后一战中，终究落了个穷途末路，慨叹时运不济，无可奈何。"力拔山兮"的勇猛，是项羽终生引以为傲的资本，也的确助他在乱世横扫千军，走向霸业。而对于个人勇武的过分自信甚至迷恋，终难在顶级的角逐中取胜，埋下了他失败命运的隐患。

《史记·项羽本纪》载："籍长八尺余，力能扛鼎，才气过人，吴中子弟，皆已惮籍矣。"可见，项羽天生勇力过人，使吴中子弟畏惧。然而，或许也正因项羽有这项骄人的天赋，使其在学习上不甚用心。

项羽年少时，他的叔父项梁教他读书，他没读几天就不愿意读了。项梁又教他学习剑法，而没几天，项羽又不耐烦了。项梁很生气，骂他学任何本领都没有耐心，不能持之以恒。项羽说，读书识字只要能识记姓名就够了，再多读也没有用；学习练剑只能一对一的搏斗；大丈夫要学就学统领千军万马的本事。项梁于是教他学习兵法，然而项羽在略知其意后，又不肯继续学了。最终帮项羽走进江湖的，仍不过是贵族出身的光环和一身武力与勇气。

在初级的较量中，勇武的优势是明显的。秦末乱世，起义军蜂起，项羽率八千江东子弟过江，加入了反秦的阵容。巨鹿一战，项羽率军以少胜多，击溃不可一世的秦军，从此威震天下。之后，项羽军又攻无不克，所向披靡，是起义军中力量最强的一支。如此勇猛无敌，后世便流传了"霸王举鼎"的传说。然检讨史籍，并无项羽曾经举过鼎的可信记录。《史记》中的表述，是形容项羽有举鼎之力，却不是说他真的举过鼎。

但是，也不能贸然认定项羽从未举过鼎。有人认为，举鼎是古人练习力量的一种方式。传说远古时期练习力量的方式有很多，夏桀是"伸钩索铁"，殷纣

江苏铜山汉墓出土画像砖拓片《练力图》

王是"扶梁换柱",有穷氏国君夏是"陆地行舟",到了战国时期则流行"扛鼎"。史载秦武王身高体壮,喜好跟人比角力,大力士任鄙、乌获、孟说等人都因此做了大官。其中以乌获的力量最大,"乌获扛鼎,千斤若羽。"秦武王四年(公元前307年),武王曾与孟说比赛举"龙文赤鼎",结果大鼎脱手,砸断胫骨,到了晚上,气绝而亡,年仅23岁。在项羽同时代及之后的汉代,举鼎的行为仍然很常见。仅汉家能举鼎的就有淮南厉王刘长、广陵王刘胥。江苏铜山县汉墓曾出土过一块画像石,图案的内容是七个人采取不同的方式进行力量训练。第一、二人在与一只老虎搏斗,第三人在拔树,第四人背着一只死兽行走,第五人双手持鼎翻举过头顶,第六人怀中抱着一只幼兽,第七人在抛弄一只大铜瓶。图中皆为猛士,能将猛兽打死,能将大鼎举起,都是力量非同寻常之人。由此看来,也不能完全否定项羽曾经以举鼎练习过臂力的可能性。

然而,作为统帅,最重要的素质不是举鼎之力,而是聚人用人。项羽最终被不以勇武见长的刘邦打败,就输在智谋上。即便项羽曾经将千钧之鼎举起,也使人不禁为之慨叹:纵如此,有何用。

5　泗水捞鼎

江苏徐州汉画像石馆收藏有一块汉代的画像石，画面中桥梁的两侧有人用绳索牵引一口大鼎，向上抬升，鼎内一龙头伸出欲咬绳索，桥上有人在等待着得到此鼎。这幅图刻画的就是秦始皇于徐州泗水打捞周鼎的传说。

泗水捞鼎画像石

（徐州汉画像石馆藏）

随着诸侯争霸，社会动荡，周王室衰微，社稷倾颓，就连象征王权的九鼎也难以保全，竟消失无踪。关于九鼎究竟是如何消失的，下落何处，历史真相一直难以查明。但在汉代时，流传着一种说法，认为周鼎在周显王四十二年沦没于泗水彭城之下，也就是今天江苏徐州附近的泗水。还有一种说法是，周赧王十九年，秦昭王取九鼎，其一飞入泗水，其余八只迁于秦中。不管怎么样，泗水都成了传说中周鼎沦没之地。

因此，《史记·秦始皇本纪》就记载了这样一个故事：秦始皇东巡后，路过徐州彭城的泗水，有人报告见到水中露出一周鼎，秦始皇大喜，遂斋戒祷祠，命其随从上千人下水捞鼎，当他们搭好支架，将绳索系于鼎耳，慢慢将鼎提出水面时，鼎内忽然伸出一龙头，咬断了系鼎的绳索，鼎复沉入水下，再也无法找到。这就是秦始皇泗水捞鼎的传说，甚至后世也留下捞鼎的遗迹。现徐州大运河（古泗水）一带有"不捞河"遗迹，捞出的石头在两岸堆成长长的石梁，"秦梁洪"即由此得名。

那么，汉代人是怎么看待这个故事的真实性呢？《史记·封禅书》言汉文帝十五年，方士新垣平建言说："周鼎沦没在泗水中，现在河溢通泗，我夜观天象，看到东北汾阴直有金宝气，难道说周鼎要重现于世吗？有了征兆而不迎接，就不可能来到。"于是，汉文帝使官员在汾河的岸边建设庙宇，欲祠出周鼎，但没有成功。可见汉人对鼎没泗水及始皇取鼎泗水的故事是深信不疑的，不然的话，也不会将他们刻在画像砖上。

这个故事有三点值得注意。第一点，故事广泛流传于汉代，在秦代则不见有此传说；第二，故事中周鼎沉没的地方在泗水，此处是汉高祖刘邦发迹之地；第三，鼎中伸出龙头咬断绳索，使鼎复沉入水中，不可捞取，显然是暗示天意如此，将象征王权的鼎留在泗水之内。而《史记·高祖本纪》记载："其（刘邦）先刘媪尝息大泽之陂，梦与神遇，是时雷电晦冥，太公往视，则见蛟龙于其上。已而有身，遂产高祖。"意指刘邦非世间凡人，他乃是龙的后代。这个故事的全部暗示因素，都指向刘邦跟泗水之龙和泗水之鼎的紧密关系，其目的显然在说明刘氏得天下、治天下的政权的合法性——天意如此！

可见，秦始皇泗水捞鼎的故事，应该是汉初人们有意制造的一个谣言，利用谣言论证刘氏皇权的神圣。在这个谣言中，我们看到了鼎在当时人们心中的光环作用，周王室衰微，鼎沦没不见，秦始皇无德，故打捞不上来，又因为鼎在泗水，所以成了汉兴之地。可见，这个谣言之所以能广泛传播，是因其抓住了人们心中深信不疑的那部分——鼎与皇权是两面一体的存在。

泗水捞鼎画像砖

（河南博物院藏）

6 炮烙之刑

商纣王是商朝最后一个君王，史载他荒淫无道，宠信妲己，不理朝政，诛杀忠良，终于惹得群臣不满，民怨沸腾。为了维护统治，纣王施行残酷的刑罚以对付反抗他的人，其中最为臭名昭著的便是炮烙之刑。

炮烙之刑究竟是怎样一种酷刑？正史虽然记载了这种刑名，却没有披露更加详细的施刑方案和步骤。南朝时期的学问家裴骃，在给《史记》作注释时，曾引用《列女传》的说法加以详述。《列女传》里说，炮烙就是以铜铸为长柱，横置于烈火之上，待铜柱被烧得炽热绯红时，命有罪的人在上面行走，柱上人自会被烫伤坠落火中，旁观者以此取乐。这是较早的解释，因而可信度相对较高。至于发明此酷刑的灵感来源，则有民间传说：某日纣王和妲己在森林里郊游，恰逢阵雨过后，有一棵树被雷劈倒且燃着火焰，但奇怪的是，却有很多蚂蚁从树的一头通往另一头，受不了烫的蚂蚁便从树上掉了下去跌进火里，纣王只觉得蚂蚁笨，没什么好看的，但妲己却从这一现象里想出了惨绝人寰的炮烙之刑。

炮烙刑具复原图

而明代道士陆西星所作的神魔小说《封神演义》中，对这种刑罚过程却有另一种解释。在这本书的第六回中有一个情节，大臣梅伯冒死劝谏纣王，引得纣王大怒，命人将其拿下，用金瓜击顶。两边侍卫刚要动手时，纣王身旁的妲己提出，梅伯妖言惑众，大逆不道，让他一死了之倒是便宜了他，需用酷刑将其折磨致死以儆效尤。纣王问是何刑法，妲己说，用铜铸成高二丈、圆八尺的铜柱，将其立于火中，将待处置的犯人剥光衣服，用铁索缠绕，捆绑在铜柱上，炮烙其四肢筋骨，不须臾，便可烟尽骨消，化为灰烬。可见，铜柱由横置改为竖立，但其残酷程度不相上下，于受罚者而言，不啻人间地狱。

地狱中也有炮烙之刑

用今日的观点来看，罪犯也有基本的权利，犯死罪者应以人道的方式处决，而不能残酷折磨，那不过是借正义之名携恨报复，进行野蛮地发泄，有悖于人类文明。而商纣王对于直言诤谏的大臣、百姓实施此酷刑，自然使天下人寒心。

后来，纣王赐西伯候方圆千里的封地，文王推辞不受，并请求纣王废除炮烙之刑。可见这一酷刑在社会上造成的恐怖氛围有多么严重。事实上，西伯候，也就是后来的周文王，也是希望借此举争取民心，赢得道义支持。民心归附，率众讨伐无道则易如反掌，其功效远胜千里之地。后世《隋书·刑法志》里评论道：如果纣王能够不造炮烙之刑，以礼和德治天下，那么西伯候也就归隐田园耕牧，作一平凡西岐山下老叟而已，更没有后来武王伐纣的故事了。

一根铜柱，竟能够倾覆社稷，毁掉商朝五百余年基业，谁能说仅仅是偶然呢？

7 铜符救国

符是古代传达命令或调兵遣将所用的凭证，一符从中剖为两半，相关双方各执一半，使用时，将两半合二为一，如能完全符合对应，则表明执符传令者可信，继则令行而军遣。为了提高验证的准确度，古人发明了许多方法，通过在完整的符上精雕细刻文字、图案，或采取凸出或凹入的阴阳字符的设置，以避免伪造。为符赋予不同的形制和编号，就可以用于不同的用途。符所维系的是一套严密的权力使用制度，所以后世形容事物完全一致时，就有了"若合符契"这一成语。符多做成动物形状，尤其常用老虎之形，因此称为"虎符"。制符用的材质也很多，有金符、玉符、竹或木制的符，但最常见的是铜符。古代军符多为铜虎符。

关于使用铜虎符最经典的案例，是战国时期信陵君窃符救赵的故事。魏安釐王二十年，秦昭王击破赵国的长平军后，又进兵包围赵首都邯郸。魏国的信陵君是魏王的异母之弟，他的姐姐是赵惠文王弟弟平原君的夫人，如今赵国有难，平原君夫人多次遣使给魏王和信陵君求救。魏王派将军晋鄙领军十万援救赵国。然而，魏王惧怕强秦，并不愿为救赵国而把秦国得罪，只是想出兵做做样子罢了。晋鄙率领的军队在邺城安营，迟迟不再前进，很明显对于前方的战事作壁上观。

信陵君却是真心救赵，他对姐姐的安危心急如焚，奈何没有调兵之权。这时，他门下的一位谋士侯嬴向信陵君献计说："我听说能够调动晋鄙军队的虎符就放在魏王的卧室内，而如姬最受魏王的宠幸，经常进出魏王的卧室，有机会把虎符偷来。公子对如姬是有恩的：如姬的父亲为人杀害，如姬悬赏天下三年，找人为父报仇，都没能实现，她后来向您哭诉，是您派门客斩杀了她的杀父仇人，将头敬献给她。如姬为报答您，连死都愿意，只是一直没有机会而已。如今您只要开口，她必然应允。如能窃得虎符，调动晋鄙的军队，救活赵国，退却强秦，这是王霸的征伐啊！"信陵君听从了侯嬴的计策，请求如姬帮忙，如姬果然盗出虎符给信陵君。信陵君拿到虎符后，又听从侯嬴的计谋，带上大力士朱亥一起来到邺城，持虎符假传魏王命令，取代晋鄙的将军职位。晋鄙出兵之前应已了解魏王心思，今见信陵君单车简从，来取要职，不免心生疑窦。信陵君见晋鄙面露疑色，估计不会从命，立即暗示朱亥动手。朱亥从袖中甩出重达四十斤的铁锥，趁晋鄙不备击杀了他。信陵君以晋鄙见虎符而抗命不遵为罪，通令全军，并率精兵八万进击秦军。秦军久攻邯郸不下，又见魏兵至，遂引兵而退，赵国得救。

　　按照虎符的使用规则，只要两半虎符能完全对上，晋鄙将军应当无条件服从命令。他没有立即服从命令，是对军令的违抗，而从另一个层面而言，他的迟疑又是对魏王的忠诚，也因此付出了生命的代价。信陵君靠盗窃来的小小虎符，便能调动十万大军，救赵却秦，可见虎符的分量。因此，历代君王都极其重视虎符维系的调兵制度，视为关系生死存亡的大事。

秦代阳陵虎符

（中国国家博物馆藏）

　　除虎符外，铜鱼符也曾用于调兵，唐代较为常见，功能与虎符一样，唯器物形状不同而已。

8 成王赐金

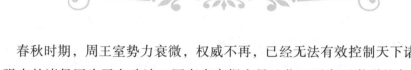

春秋时期，周王室势力衰微，权威不再，已经无法有效控制天下诸侯。一些强大的诸侯国为了在政治、军事中占据主导地位，开启了激烈的争霸战争，相互之间合纵连横、东征西讨，前后共有数位诸侯依次成为一方霸主。一般而言，春秋共有五个雄霸一时的诸侯，分别是齐桓公、宋襄公、晋文公、秦穆公和楚庄王。五霸之外，其他小国夹在中间，政治军事和经济能力都不能与大国抗衡，也无法确保自己的独立与安全，常成为大国拉拢的对象，一时依附于某一强国。

郑国就是夹在楚国和齐国之间的小诸侯国。郑文公在位初期，诸侯国中齐国最强，包括郑国在内的许多小诸侯国皆服从齐国，供齐桓公为盟主。而雄踞长江中游的楚国，是南方一霸，自恃国大兵强，不尊周王室，也不服从齐国，经常出兵中原，与齐国争夺诸侯国。公元前666年起，楚国伐郑，经过长年战斗，郑国危在旦夕，后来求救于齐，齐桓公率诸侯军攻楚，于公元前656年解除了郑国之危。

次年，齐桓公率诸侯会周王室太子于首止，目的是巩固太子的地位，郑国参与了会盟，但中途退出，派使者暗通楚国，惹得齐桓公大怒，举兵伐郑。楚国则出兵攻击齐国的附属国许国，齐班师救许，郑国解围。后来郑向齐求和，齐命郑文公在宁毋会盟，文公害怕齐桓公加害于己，又不敢亲自赴约。郑文公就这样在大国之间周旋，摇摆不定。

公元前643年，齐桓公去世后，齐国内乱，政局不稳，国力日落，诸侯纷纷叛离。这时，郑文公见齐国没落，便弃齐国投靠楚国，又娶了楚成王的妹妹芈氏为夫人，和楚国结成姻亲友好。

次年，郑文公到楚国见楚成王，成王很高兴，表示"赐之以金"。金并非黄金，而是铜，铜在当时称为金。但成王大话一出，很快后悔了，因为当时军事兵器多是用铜打造的，"赐金"无疑会增强郑国的军事实力。为了弥补错误的决策，楚成王又与郑文公约定，楚国送给郑国的铜，郑国只能用来铸钟，不能铸兵器。也就是说，郑国只能拿铜来发展文化事业，不能扩大军事实力。郑文公携铜归国后，不敢违背约定，当真铸了三口大钟。据今人推算，当时楚成王所赐之金应该有200多公斤，若做成戈矛箭矢等兵器，可以装备近百辆战车的士卒，那将是一支不可忽视的军事力量，楚成王后悔也是有道理的。

从楚成王赐金郑文公的故事可以看出，铜在春秋时期是重要的战略物资，是打造兵器的主要金属材料。楚国地大物博，多产铜之地，许多已知的古代铜矿采冶基地，如安徽铜陵铜官山、湖北大冶铜绿山等，在当时都可能是楚国铜金属的重要来源。郑国是小国，产铜的地方自然就少，这也是决定它国力弱小的重要原因之一。

9 勾践宝剑

　　越王勾践卧薪尝胆的故事，两千多年来流传千家万户，妇孺皆知。20世纪60年代，在湖北省江陵望山一号墓出土的一把闪烁着寒光的锋利宝剑，为勾践兴越灭吴的历史提供了物证。这把青铜剑长55.7厘米，柄长8.4厘米，剑宽4.6厘米。剑首外翻卷作圆箍形，内铸有极其精细的11道同心圆圈，圆箍最细的地方犹如一根头发丝。剑格向外凸出，正面镶有蓝色玻璃，后面镶有绿松石，即便在黑暗中也散发出幽幽的寒光。剑身上还纵横交错着美丽且神秘的黑色菱形花纹，精美异常。剑的护手处有两行鸟篆铭文："越王自作用剑"，考古专家们经仔细研究，认定此即越王勾践佩戴过的宝剑。兴许，越国的壮勇就曾向着这把剑所指的方向登上吴国城楼，折下对方帅旗。

　　越王勾践喜欢宝剑。据《吴越春秋》和《越绝书》记载，越王勾践曾特请龙泉宝剑铸剑师欧冶子铸造了五把名贵的宝剑，其剑名分别为湛庐、纯钧、胜邪、鱼肠、巨阙，都是削铁如泥的稀世宝剑。据称，后来越被吴打败，勾践曾把湛庐、胜邪、鱼肠三剑献给吴王阖闾求和，但因吴王无道，其中湛庐宝剑"自行而去"，到了楚国。为此，吴楚之间还曾大动干戈，爆发过一场战争。又据《拾遗记》记载：越王勾践，使铸剑师以白马白牛祀昆吾之神，采金铸之以成八剑之精，一名掩日，二名断水，三名转魄，四名悬翦，五名惊鲵，六名灭魄，七名却邪，八名真刚。从剑名就可以想见每一把宝剑不同的特性。勾践还热衷于搜集和珍藏名剑。当时有一位著名的宝剑鉴定大家，名叫薛烛，勾践曾将自己珍藏

越王勾践剑
（湖北省博物馆藏）

的宝剑拿予他欣赏，也让他大吃一惊，因其之前从未见过这些稀世之宝。

不管这些传说是真是假，勾践爱剑的名声应当说在当时是众人皆知的。至于现藏于湖北省博物馆的这把带有铭文的宝剑，究竟是传说中的哪一把，已经难以确定。不过专家已经按照出土文物的一般命名方法，给它起了新名字，就叫"越王勾践剑"。这把宝剑是春秋时期出土的保存最为完好的兵器，它有两个谜一样的特质，其一是历时两千多年而不朽不坏，完好如新，其二是现依然锋利无比，削铁如泥。专家们多方研究，现已解开了这两个谜团。

现在出土的剑类文物一般都是锈迹斑斑，许多都已经锈蚀得只剩下轮廓，为什么越王勾践剑依然纹饰清晰，寒光闪闪？实际上，这把宝剑并不是绝对没有生锈，只是锈蚀程度十分轻微，人们一般很难观察得到。越王勾践剑的主要成分为铜，铜本身是一种不活泼的金属，出土的墓室曾经长期被地下水浸泡，剑又处在密闭空间，完全与空气隔绝是其不锈的主要原因。然而，在出土之后，宝剑脱离了原来的封闭环境，开始接触到空气，此时的锈蚀速度也随之加快。宝剑出土至今仅仅五十余年，该剑的表面已经不如出土时明亮，说明在目前博物馆这样好的保管条件下，锈蚀的进程也是难以绝对阻止的。所以，人们传说的关于宝剑的特殊加工工艺使它免于生锈的说法，是不足为信的。

据说宝剑出土时，考古人员不小心就把手指割破了，为了检验宝剑的锋利程度，他们又将白纸叠成16层，宝剑轻轻在上一拉又全部割破。那么，为什么在当时的技术条件下，人们能造出了如此锋利的宝剑呢？这更不是什么神秘的事。在春秋战国时期，人们就掌握了合金制作兵器的技术，在铜中加入锡能够改变金属的质地、属性，锡含量的大小，最终决定兵器的坚硬程度和韧度。纯铜比较柔软，不够坚硬，加入的锡可以使其更坚硬，但需在一定限度内。经测定，越王勾践剑的含铜量为80％～83％，含锡量为16％～17％，另外还有少量的铅和铁，可能是原料中含的杂质。越王勾践剑如此高的锡含量，意味着这把宝剑被锻造得极其锋利，但同时也说明它可能质地很脆，在遇到强烈撞击时，可能会因为韧性不够而碎掉。这也是有些学者怀疑越王勾践剑并非实用砍杀工具，而是一件华美礼器的原因。中国古人常说，宝剑过于锋利就易折断，以此告诫世人要善于藏锋，要含蓄内敛，不要锋芒毕露。这是基于日常经验的智慧，而从技术角度来说，锡含量的增加使铜质宝剑更加锋利，同时也加大了折断的风险。

10 千金买马骨

《战国策·燕策》中记载了这样一个故事：燕国的国王哙听信谗言，糊涂地将君位禅让给大臣子之，子之即位后，造成燕国大乱。哙的儿子，原太子平，与国内武将合谋攻打子之。齐宣王以支持太子平的名义发兵攻破燕国，杀了燕王哙，将子之抓住后剁成肉酱。太子平也在这次动乱中死去。赵武灵王闻燕国内乱，将燕王哙的庶子——公子职从韩国护送回燕国。燕人拥立公子职为王，即燕昭王。

燕昭王收拾了残破的燕国以后登上王位，他礼贤下士，用丰厚的聘礼来招纳贤才，想要依靠他们来报齐国破燕杀父之仇。为此他去见客卿郭隗先生，问他道："齐国乘人之危，攻破我们燕国，我深知燕国势单力薄，无力报复。然而如果能得到贤士与我共同治理国家，以雪先王之耻，这是我的愿望。请问先生要报国家的大仇应该怎么办？"

郭隗先生回答说："成就帝业的国君以贤者为师，成就王业的国君以贤者为友，成就霸业的国君以贤者为臣，行将灭亡的国君以贤者为仆役。如果能够卑躬屈节地侍奉贤者，屈居下位接受教诲，那么才能超出自己百倍的人就会光临；早些学习晚些休息，先去求教别人过后再默思，那么才能胜过自己十倍的人就会到来；别人怎么做，自己也跟着做，那么才能与自己相当的人就会来到；如果凭靠几案，拄着手杖，盛气凌人地指挥别人，那么供人驱使跑腿当差的人就会来到；如果放纵骄横，行为粗暴，吼叫骂人，大声呵斥，那么就只有奴隶和犯人来了。这就是古往今来实行王道和招致人才的方法啊。大王若是真想广泛选用国内的贤者，就应该亲自登门拜访，天下的贤人听说大王的这一举动，一定会赶着到燕国来的。"

昭王问："我具体应该先拜访哪位贤士才好呢？"

郭隗说道："我听说古时有一位国君想用千金求购千里马，可是三年也没有买到。宫中有个近侍对他说道，请您让我去买吧。国君就派他去了。三个月后他终于找到了千里马，可惜马已经死了，但是他仍然用五百金买了那匹马的尸骨，回来向国君复命。国君大怒道，我要的是活马，哪里用得着死马，而且花费了五百金？这个近侍胸有成竹地回答，买死马尚且肯花五百金，更何况活马呢？天下人一定都以为大王您求马心诚，千里马很快就会有人送来了。果然，不到一年，数匹千里马就到手了。大王如果真的要招纳有才能的人，那就不妨把我当马骨来试一试吧！我尚且被重用，何况是超过我的人呢？他们怎么会以离燕国很远为由而不来投奔您呢？"

　　燕昭王听了这个故事大受启发，回去以后，马上派人造了一座很精致的房子给郭隗住，给他丰厚的俸禄，还拜郭隗做老师，像学生一样对他倍加恭敬。整个燕国都竞相传颂此事。不久，乐毅从魏国赶来，邹衍从齐国而来，剧辛也从赵国来了，人才争先恐后集聚燕国。昭王又在国中祭奠死者，慰问生者，和百姓同甘共苦。燕昭王二十八年的时候，燕国殷实富足，国力强盛，士兵们心情舒畅愿意效命。于是昭王任命乐毅为上将军，和秦楚及三晋赵魏韩联合策划攻打齐国，齐国大败，齐闵王逃到国外。燕军又单独痛击败军，一直打到齐都临淄，掠取了那里的全部宝物，烧毁齐国宫殿和宗庙，差点灭掉齐国，终于报了家国之仇。

　　郭隗通过千金买马骨的故事告诉燕昭王这样一个道理：五百金（铜）买来的不是千里马的尸骨，而是求千里马的诚意、决心，有了这些，才能树立人们呈送千里马的信心。郭隗自谦为千里马之尸骨，却因此引来许多真正的大才大贤之人，他的智慧在历史上闪烁着耀眼的光芒。

11　秦始皇铸十二铜人

　　秦自商鞅变法以后，由于社会改革比较彻底，结束了国内旧贵族雄踞一方的散乱局面，促进了新兴地主力量的壮大，经济发展迅速，军队装备精良，战斗力强。到秦王嬴政执政时，关东六国先后衰败下去，唯独秦国越战越强。秦王嬴政在李斯、尉缭等人的协助下制定了"灭诸侯，成帝业，为天下一统"的策略，具体的措施是：笼络燕齐，稳住魏楚，消灭韩赵；远交近攻，逐个击破。

　　措施制定后，秦王就按部就班地实施。从公元前230年攻打韩国，到前221年灭掉齐国，10年的时间内，秦国先后消灭了韩、赵、魏、楚、燕、齐六国，结束了中国自春秋以来长达500多年的诸侯割据纷争的局面，建立了中国历史上第一个君主中央集权国家，即秦朝。秦王嬴政也便有了新的称号——"始皇帝"。

　　秦始皇为巩固政权，采取了多方面的措施，包括废除分封制，实行郡县制，理由是"天下共苦战斗不休，以有侯王。赖宗庙，天下初定，又复立国，是树兵也"；又统一文字、统一度量衡、修筑驰道通秦都咸阳；推行严刑峻法，以法为教，以吏为师，驯服百姓，消灭反抗。诸条之外，更有一个最为直接的措施，就是收缴天下刀兵，更严禁私铸武器，以剥夺人民反抗所需的武器。

　　秦始皇以军力强取天下，深晓刀兵之厉，当他统一六国，成为唯一的执政者时，藏在民间的金属武器也就成了他的敌人，正所谓"攻守易势"。秦始皇下令，民间不准私藏兵器，应悉数上缴。兵器聚集在咸阳，熔化后铸成钟虡，并铸成十二座铜人。据说每个铜人重达二十四万斤，列置在宫廷之中。

　　秦始皇以为这样便可以消灭抵抗。然而，由于严刑峻法，终致官逼民反，陈胜、吴广在大泽乡起义，他们手上虽没有锋利的金属兵器，却仅凭"斩木为兵，揭竿为旗"就赢得"天下云集响应"，最终推翻了秦朝政权。可见，民心向背，才是决定政权稳固的根本。如果仅仅为满足一己私欲，就戕害百姓，夺民之利，引得怨声载道，那即便手握"刀把子"，也免不了覆亡的命运。可惜后世许多统治者并不明白这个道理，依然在重复秦始皇的悲剧。

　　至于十二铜人的命运，也颇为坎坷。到东汉末年，董卓将秦朝铸的钟虡及十个铜人打碎，用它们铸成小铜钱，仅留两座铜人，并迁徙到清门里。后来魏明帝想要把这两座铜人移置洛阳，当搬运铜人的队伍行至霸城时，因铜人太重而无法继续前行。再后来，后赵武帝石虎将它们搬运到邺城，十六国时期前秦皇帝苻坚又将它们移入长安，最终不知遗落在何处。

12 秦始皇统一货币

在人类早期文明的很长一段时间里，人们的交易方式是以物易物，你拿三只羊换我两头猪，我拿三头猪换他一头牛。可是，如果我需要的是马，而有马的人想要的却是牛，有牛的人想要的却是羊，那么我得首先拿猪去换羊，再牵着羊去换牛，最后才能牵着牛去换来马。如果养羊的人不需要猪，不愿意跟我换，那么我就需要兜更大的圈子去换，最后也可能无法得到想要的马。而且，在交易过程中，并没有一个统一的标准来确保双方都公平，只能做到大概差不多就行了。可见，这样的交易形式太麻烦。于是，货币就出现了。我先拿猪去换成钱，拿钱去买来马，卖马人需要什么，再拿着我给他的钱去买。交易流程大大减少，效率大大提高，而且有了一个统一的标准。

货币的出现，方便了人们的交易，但起初货币的流通有很强的地域性，春秋晚期至战国时期，燕国、齐国、赵国、中山国所通行的多是刀币，郑国、宋国常见的是铲币，秦国和魏国使用的是圆钱，楚国流通的又是蚁鼻钱，燕为布币。有的国家兼用几种，有的地方甚至仍用贝壳做货币。钱币的五花八门，给各国之间货物的流通带来了不小的障碍。例如，宋国的商人把东西运到楚国卖，怎么定价，怎么收钱，回到宋国怎么花，都乱了套。

秦始皇统一六国后，为巩固统治，在许多方面都制定了统一的标准。他统一了法律、文字、度量衡，也统一了货币。

秦始皇采取了两种统一货币的途径：一是由国家统一铸币，严惩私人铸币，将货币的制造权掌握在国家手中。二是统一通行两种货币，即上币黄金和下币铜钱。改黄金以"镒"为单位，一镒为二十两。铜钱以"半两"为单位，俗称"秦半两"。钱重半两，即12铢，合今7.8克，一般在8克左右，钱径在3厘米以上。钱上"半两"二字属秦小篆，字形宽博，笔画方折规范，据说出自秦相李斯之手。

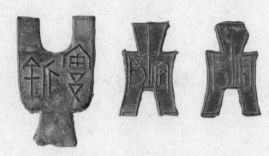

布币
（湖北省博物馆藏）

蚁鼻钱
（湖北省博物馆藏）

秦半两及钱范
（中国国家博物馆藏）

秦半两的造型也从原来形状各异的铲币、布币、刀币、圆钱、贝币的形状，统一到圆形方孔上来。"圆形方孔"钱币也从此成为古代中国货币的基本形式，贯穿中国封建社会，沿用了两千多年。实际上，"半两"钱的造型极具政治色彩，它是秦代"天命皇权"的象征。《吕氏春秋·圜道篇》中记载："天道圆，地道方，圣王法之，所以立天下。何以说天道之圆也，精气一下一上，圆周复杂，无所稽留，故曰天道圆；何以说地道之方也，万物殊类殊形，皆有分职，不能相为，故曰地道方，主执圆，臣主方，方圆不易，其国乃昌。"秦代的统治者认为外圆象征天命，内方代表皇权，把钱做成外圆内方的形状，象征君临天下，皇权至上，秦"半两"流通到何处，皇权威仪就散布到何方。

秦始皇统一货币是一项伟大的经济举措，它使全国各地的商品有了统一的定价标准，货物流通全国，对繁荣经济、促进各地经济纽带的建立有着重要意义。

13　吴楚七国之乱

　　汉高祖刘邦建立汉朝后，在总结秦朝政权得失利弊和经验教训时，认为秦亡的重要原因之一是没有分封同姓子弟为王镇守四方，以至于百姓揭竿而起时，竟然没有地方势力起来护卫中央。为此，刘邦在建国初消灭异姓诸王后，又在旧土上陆续分封了九个刘氏宗室子弟为诸侯王，史称"同姓九王"，并与群臣共立"非刘姓不王"的誓约。

　　汉初的同姓诸侯国，土地辽阔，户口众多，但由于同姓诸王与高祖血统亲近，效忠汉朝，确实起到了拱卫中央的作用。然而，随着时间的推移和代际的更替，地方王侯与中央皇室的血缘关系难免日渐疏远，他们的忠诚受到严重考验。

　　在汉文帝时，就曾发生多起地方封王谋反叛乱的事件。汉文帝为巩固统治，进一步分封血缘关系更近的皇子为藩王，同时着手分解势力过大的地方王国，如将齐国一分为七，以此弱化各地方王国的力量。

　　汉景帝时，中央与地方诸侯的矛盾更加激化，在南方刘氏宗亲的封国中，以楚国和吴国实力最为雄厚，而吴国又是对中央构成最主要威胁的封国。吴国始受封于汉高帝十二年（公元前195年）。

　　吴王刘濞是汉高祖刘邦的次兄刘仲之子，在淮南王英布叛乱之时，汉高祖亲征平叛。刘濞当时年仅二十，以骑将的身份跟随刘邦在蕲县之西一举击破英布的军队。英布逃亡被杀。当时荆王刘贾被英布所杀，没有继承人。高祖认为东南之地与汉廷悬隔，非猛壮的藩王难以统治，而此时刘邦自己的儿子还都年幼，承担不起这个重任，于是就立刘濞为吴王，统辖三郡五十三城。

在汉惠帝、吕太后时期，天下初定，郡国的诸侯各自安抚辖区内的老百姓。吴地豫章郡盛产铜矿，吴王刘濞利用此资源优势，招致天下众多的亡命之徒，盗铸铜钱。同时，吴地滨海地区产盐，吴王又煮海水为盐，贩卖到全国各地，获利丰厚。吴国所铸钱流通于整个西汉境内，严重干扰了正常的经济秩序，也减少了中央的财政收入。

试想一下，如果今天某一省份有权自行印发人民币，将会造成怎样的后果？那必然会对中央造成严峻的挑战。而吴国由于经济富足，实力和资本日渐强大，境内不征赋税，因而得到人民的支持。这后一项在中央看来，甚至比私铸铜钱更严重——收敛民心，使民受吴王之恩，只知有地方而不知有中央，彰显了割据独立的野心。

汉景帝对此寝食难安，终于采纳大臣晁错的"削藩"建议，逐个削弱地方封王势力，先后借故削减楚王、赵王、胶西王等刘氏地方王侯的封地。汉景帝的削藩之举在朝野引起了很大震动，吴王刘濞担心削地没完了，就想策划谋反，遂亲往胶西，与胶西王刘昂约定反汉事成，吴与胶西分天下而治。刘昂同意反叛，并与他的兄弟、齐国旧地其他诸王相约对抗中央。吴王刘濞同时还派人前往楚、赵、淮南诸国，通谋相约起兵。

不久，汉景帝降诏削夺吴王刘濞的豫章郡、会稽郡。诏令传到吴国，吴王刘濞立即谋杀了吴国境内汉所置二千石以下的官吏，联合串通好的楚王刘戊、赵王刘遂、济南王刘辟光、淄川王刘贤、胶西王刘昂、胶东王刘雄渠六王公开反叛。刘濞征募了封国内14岁以上，60岁以下的全部男子入伍，聚众30余万人，又派人与匈奴、东越、闽越贵族勾结，以"请诛晁错，以清君侧"的名义，举兵西向，从而开始了西汉历史上的吴楚七国之乱。

汉景帝在平叛初期，决心并不坚定，将晁错满门抄斩，希望以此平息战事，然而此举不过暴露了他的犹疑和懦弱，更加助长了叛军的气焰。此后他转变态度，坚决打击叛乱者，仅用三个月时间便平定了吴楚七国之乱。在这次叛乱中，吴楚七王皆死，参加叛乱的七国，除保存楚国另立新王外，其余六国皆被废除。

总结吴楚七国之乱的原因，汉初实行分封和郡县并行的政治构架正是罪魁祸首，其使地方封王的叛乱几乎成为必然，只是时间早晚的问题。而吴王倚仗境内产铜，私铸铜钱，富甲天下，自恃力强，也助长了他反叛的野心，加速了叛乱的步伐。

14　王莽改制新币

　　王莽是西汉末年外戚王氏家族的重要成员，新显王王曼的长子、西汉孝元皇后王政君的侄子，其为人谦恭俭让，礼贤下士，在朝野素有威名。西汉末年，社会矛盾空前激化，王莽被朝野视为能挽危局的不二人选，被看作是"周公再世"。他在辅政期间，就开始推行一些改革措施。公元8年12月，王莽代汉建新，建元"始建国"，正式宣布推行新政。

　　王莽在代汉建新前后推行的一系列措施，史称"王莽改制"，其中币制改革是重要的内容，也造成了严重后果。在这场改革中，秦半两被废除，秦以前的刀币和布币等旧币竟然重新回到市场流通，只是形态上与春秋战国时的旧币不完全相同。由于币制复杂混乱，导致民间交易很不顺畅，并且每次改制的钱币大小不断缩小，价却越来越高，实质上剥削了普通民众的财富。

　　王莽共进行了四次币制改革。第一次是在他即位前的居摄二年（公元7年），下诏在五铢钱之外增铸大钱、契刀、错刀。新朝建立后，建兴帝王莽又在始建国元年（公元9年）进行第二次改革，废除五铢钱及刀币，另外发行宝货，计有五物（金、银、龟、贝、铜）名（钱货、黄金、银货、龟、贝货、布货），共二十八种货币。由于货币种类太多，换算起来又十分困难，因此流通非常不便，所以人们暗地仍在使用五铢钱。为推行新币制，王莽采取强制措施，下令严禁私铸钱，甚至民家藏有铜、炭者，都被指为私铸货币，一家盗铸，五家连坐。即使这样，也无法使新货币顺利流通。一年以后，王莽被迫废除刚刚施行的二十八种货币，只留小钱值一和五钱五十两种继续使用。

　　第四次改革是在天凤元年（公元14年），废大、小钱，另作货布、货泉两种。货泉重五铢，货布重二十五铢，但一货布却值二十五货泉，货币价值的比例十分不合理。这次改革，非但没有理清混乱的货币体制，反而加剧了混乱。

　　王莽第一次和第四次改革币制时，所著货币质量较高，第二、三次改币是以剥削民间财富为目的，皆以新铸的劣质货币代替质量较高的旧币，每更换一次货币，百姓手上的钱都会缩水一次。由于这些货币无信誉可言，所以在王莽施行货币改革期间，物价飞涨，社会经济十分混乱，黎民百姓深受其害，每一易钱，民用因此破业而陷大刑，不少人甚至在市场上痛哭。

如果说，王莽施行的其他政策在主观上还有一些解决社会问题内容的话，那么，他所实行的货币改革，则加重了百姓的负担，因而招致了全国从上到下的反对。有人曾经在评价王莽币制改革时说：中国历代币制的失败，多有别的原因，而不是货币本身的缺点，只有王莽的宝货制的失败完全是制度造成的。

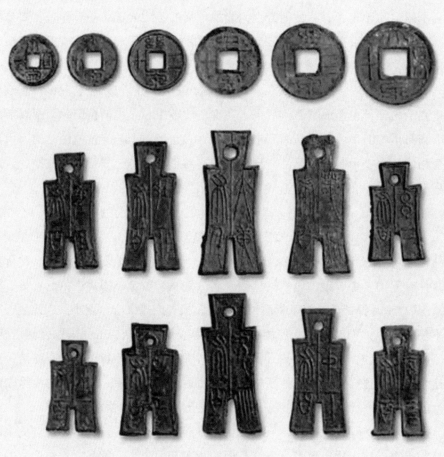

六泉十布

由于王莽的币制改革违背经济规律，引得民怨沸腾，最终失败，这也是导致新朝迅速灭亡的重要原因之一。尽管王莽的改革是失败的，新的货币制度也随之废除，但他所发行的一些钱币却是古钱史上的精品。新莽货币，钱文纤细，工艺讲究，大体钱文以悬针篆为主。"六泉十布"是中国货币制造史上的一个高峰。六泉包括小泉直一、幺泉一十、幼泉二十、中泉三十、壮泉四十、大泉五十共六种。悬针篆，篆体泉字中竖断为两截，是王莽泉之特点，铜质精良，文字精美。十布包括小布一百、幺布二百、幼布三百、序布四百、差布五百、中布六百、壮布七百、第布八百、次布九百和大布黄千共十种。新莽布币系铜锡合金铸造，露铜部分呈青黄色，币身较硬。现在大家所熟知的国宝金匮直万就是新莽钱币，是当今价值最高的古钱之一，现在仅剩下两枚存世。

15　铜雀台与三国往事

　　"折戟沉沙铁未销，自将磨洗认前朝。东风不与周郎便，铜雀春深锁二乔。"这是唐代大诗人杜牧流传千古的佳作，七绝《赤壁》。诗的后两句更是妇孺皆知。赤壁之战，周瑜用火攻之计，破了曹操百万大军，从此奠定了魏蜀吴三国鼎立的历史局面，大乔与小乔得以安居东吴，曹操铜雀台藏娇的美梦也随着一江春水付诸东流。

　　那么，曹操建铜雀台果真只是为了掠来大乔、小乔而藏之吗？建铜雀台真正的动因是什么呢？历史小说《三国演义》中记载，曹操消灭袁氏兄弟后，夜宿邺城，半夜见到金光由地而起，醒来后命人在金光处掘地，得到铜雀一只。帐下谋士荀攸说，昔日舜的母亲曾梦见玉雀入怀，后来生下了舜，今主公梦见金光，又得此铜雀，也是吉祥的兆头。曹操听了之后极其高兴，于是决意建铜雀台于漳水之上，以彰显其平定四海之功。然此说过于玄虚，不足为信。曹丕曾作《歌》曰：长安城西双员阙，上有一双铜雀；一鸣五谷生，再鸣五谷熟。据考证铜雀即铜铸凤凰，装饰于屋顶，只有皇家才有资格装饰。没有证据表明曹操筑的铜雀台上饰有凤凰，但以铜雀命名此台，似乎也是很有可能的。据说同时修建的还有金虎、冰井二台，与铜雀台一起并称"邺三台"。

　　铜雀台建成后，曹操召集文武百官在台前举行比武大会，又命自己的几个儿子登台作赋。曹丕、曹植皆有佳作，曹植的《铜雀台赋》更是流传至今。此后，曹氏父子常聚集一大批文学家于铜雀台，宴饮欢乐，吟诗作赋，创作了大量的文学作品。参加聚会的有王粲、刘桢、陈琳、徐干、蔡文姬、邯郸淳等，皆一时之选。他们或就一个题目大家同时创作，或相互赠答、品评。这种组织起来的文学活动极大地促进了当时的文学繁荣，并为后世的文学活动提供了范例。由于这些人深受曹氏父子的影响，创作风格大体相近，一改东汉以来在文学创作上弥漫的华而不实之风，形成了具有鲜明的现实主义风格的"建安风骨"。曹操的《步出夏门行》，王粲的《初征》，曹丕的《典论》，曹植的《洛神赋》《登台赋》，蔡文姬的《悲愤诗》《胡笳十八拍》等至今仍深受世人喜爱。这些作品大都是在邺城铜雀台所作，因此铜雀台也常被认为是建安文学的发源地，在中国文学史上具有一定地位。

许昌建安七子塑像

可惜的是，铜雀台在文学史上的这一重要地位鲜为人知，使它出名的，仍然是本文前引杜牧所谓"铜雀春深锁二乔"的臆想。曹植的那首《铜雀台赋》，根据可信度更高的《三国志》裴松之注所收录的版本，内容全在描述游铜雀台美景的观感和想象。后来出现一个所谓广为流传的版本中，有一句"连二桥于东西兮，若长空之虹蝶。"而这句在裴松之注所收录的版本中并未出现。《三国演义》又根据后一版本发挥，说诸葛亮故意错引曹植《铜雀台赋》，将那两句偷偷改为"揽二乔于东南兮，乐朝夕之与共。"以此激怒周瑜，最终巧妙促成了吴蜀联手和赤壁之战。事实上，这些都是文学创作，真实的《铜雀台赋》自然应以时间更早、出处更可靠的版本为准。原赋没有"连二桥"一句，更不可能被诸葛亮改写为"揽二乔"。但历史的讲述向来如此，文学虚构的东西因为更加生动巧妙，而获得更广泛的传播，让更多的人信以为真。至于历史真相，因为其平淡，甚至刻板，更容易被埋没在故纸堆中。

16 "三武一宗"灭佛毁像

佛教自汉明帝时期传入中土以来，曾经几度辉煌，在南北朝时期和中晚唐时期最为兴盛。佛教的极度兴盛，也造成了一定的社会问题。寺庙和僧人占据巨大的社会资源，可以拥有广阔田地，免交税收，蓄养女婢、奴隶，造成社会财富向佛寺大量集中，严重影响政府税收、兵丁来源和社会经济的正常发展。而且，佛事频繁，礼佛隆重，兴建佛寺，铸造铜像铜钟，制作各类庄严饰品和法器，也吸纳和占据了原本可以用于生产和生活的资源。因此，世俗统治者与佛教之间，天生存在着矛盾和冲突。历史上，北魏太武帝、北周武帝、唐武宗和周世宗在位时期都曾开展灭佛运动，使佛教在中国的发展受到很大的打击，因此在佛教史上被称为"法难"或"三武一宗之厄"。

寺庙的内部装饰图

北魏太武帝下令，上自王公，下至庶人，一概禁止私养沙门，若有隐瞒，则诛灭全门。灭佛期间，曾因故诛杀大量僧众。魏国境内寺院塔庙均遭拆毁，无一幸免。文成帝即位后，下诏复兴佛教，才使佛教逐渐恢复发展。

北周武帝即位前期，佛教极盛，而武帝图谋复兴国家，想要"求兵于僧众之间，取地于塔庙之下"。他不惧死后下地狱的威胁，于建德三年下令灭佛，"经像悉毁，罢沙门、道士"，令民还俗，禁止淫祀，废除一切奢靡的仪式。一时间，北周境内"熔佛焚经，驱僧破塔，宝刹伽蓝皆为俗宅，沙门释种悉作白衣"。

唐元和年间，唐宪宗带头崇佛，敕迎佛骨于凤翔法门寺，在宫中供养三天，而后送京城各寺，掀起了全国性的佛教热潮。韩愈从儒家立场出发，作《谏迎佛骨表》劝诫，却险遭极刑，终被贬至潮州。后经唐穆宗、唐敬宗、唐文

清人绘周世宗柴荣像

宗提倡佛教，僧尼数量进一步上升，寺院经济持续发展，大大削弱了政府实力。唐武宗即位后，整顿朝纲，决定废除佛教。他在"废佛敕书"中指责了佛教的各种弊端，其中即有"夺人利于金宝之饰"，此即包括各类铜制佛像和法器。此后，唐武宗陆续颁布了一系列打击佛教的法令，高潮时，责令僧尼无条件还俗，一切寺庙全部摧毁，所有佛教铜像、钟磬悉交盐铁使销熔铸钱，铁交当地州官铸为农具。唐武宗的灭佛运动，给佛教以沉重打击，僧房破落，佛像露坐，圣迹陵迟，无人修治，一片衰败景象。

周世宗灭佛也影响深远，带有整顿佛教的目的，保留了许多寺院僧众，没有大肆杀戮。他的出发点与"三武"灭佛不同，后者多少都带有儒教或道教与佛教之间的文化之争，周世宗更多的是出于经济因素的考量。世宗即位时，民生凋敝，经济萧条，政府缺钱，世宗就想到了毁铜像铸钱的方法。他说，佛教教义是牺牲自己，利于他人，当别人有难或社会需要时，僧尼不惜割己之肉以帮忙，况且这些只是铜像，有什么好可惜的？为什么不能舍铜像救天下呢？周世宗这次灭佛的一个重点就是熔铸铜像。

后据《随手杂录》记载，一位地方官吏在执行周世宗的灭佛命令时，遇到一尊真定铜像过于高大，无法施工，于是就上书请求保留这尊佛像。柴世宗北伐时，命人以火炮轰击这尊佛像，击中佛乳，也仍然不能毁掉佛像。不久之后，柴世宗的乳上长了一个大毒疮，久治不愈，最终病死。

17 铜驼见证的兴衰

"金谷更谁夸富丽，铜驼无处问兴亡。"历史上有许多关于铜驼（巷）的诗句，"铜驼暮雨"也是洛阳八景的最后一景。汉魏洛阳故城在今洛阳市东约十五公里，古时有铜驼陌，是当时国内乃至国际贸易中心，人物繁华，盛极一时。古洛阳的铜驼陌，西傍洛河，桃柳成行，高楼瓦屋，红绿相间，每当阳春时节，桃花点点，蝴蝶翩翩，莺鸣烟柳，燕剪碧浪，其景色之美，别有洞天。这里曾经人烟稠密，每当暮色茫茫，家家炊烟袅袅，犹如蒙蒙烟雨，纷纷扬扬，正所谓"洛阳春水扬春柳，铜驼陌上桃花红"，这就是人们赞不绝口的"铜驼暮雨"的由来。那么，铜驼是何人所铸，铜驼陌又是如何形成的呢？

唐代胡人牵驼入洛阳壁画

（洛阳古代艺术博物馆藏）

相传汉武帝为纪念开通西域，特意铸造一对铜驼，放于宫门之外。铜驼其形如马，长一丈，高一丈，足如牛，尾长二尺，脊如马鞍，与路口夹道相向。在长安时，铜驼所在地就已十分繁华，有俗语曰"金马门外聚群贤，铜驼街上集少年"。金马门的来历与铜驼街相似：汉武帝得大宛马，乃命东门京以铜铸像，立马于鲁班门外，因称金马门。它们都是当时文化交流昌盛的一种象征。

魏明帝时，为了装饰洛阳城，下令从长安把金人、铜驼、承露盘等各种古董统统移来。一路上历经艰辛，耗费了大半年的光景，最后却只有很少一部分古董被成功运至洛阳，其中最出名的就是这对铜驼。魏明帝就把这对铜驼安放在了宫城阊阖门外的大街两侧。在铜驼的后面，依次排放着铜马、铜龙、铜龟、辟邪、麒麟、天禄等。而这条街就是历史上赫赫有名的铜驼大街。这条街从阊阖门一直延伸至洛阳城的正南门——宣阳门，也就是当时洛阳城南北轴心的所在。汉代以前的都城是没有轴线大街概念的。汉魏洛阳故城的铜驼大街开

丝路铜驼

（宁夏西吉县博物馆藏）

创了我国古代都城轴线建筑的先例，是我国都城中最早的轴线大街，对隋唐时期的长安城与东都洛阳城的建筑形制产生了显著的影响。铜驼大街一主道两辅道，三道并行，宽约40米，北接皇宫，南连大市，两侧对称布置有衙署和寺庙等，是洛阳最繁华的大道，两侧商贾云集，寸土寸金，也就形成了"铜驼暮雨"的景象。

公元265年，晋武帝司马炎取代曹魏政权，建立晋朝，定都洛阳。统治集团既腐朽不堪，又激烈地争权夺利。当时有一个名叫索靖的官员，有先识远量，目睹各种现象后，知天下将乱，有一天路过洛阳宫门时，指着不远处的铜驼感叹道："我有一天会看见你淹没在荒草荆棘中啊！"后来，索靖的预言果然应验。公元291年，西晋发生了"八王之乱"，朝政昏暗，各方争战不休，持续时间长达16年，古洛阳城遭到严重破坏，昔日繁华的铜驼大街也早已荒凉不堪。

由此，"铜驼荆棘"和"铜驼草莽"便常用于形容国土沦陷后残破的景象。以铜驼为典，也产生许多千古名句，如李商隐《曲江》："死忆华亭闻鹤唳，老忆王室泣铜驼。"陆游《谢池春》词之三："似天山凄凉病骥，铜驼荆棘，洒临风清泪。"宋旡《公子家》诗："不信铜驼荆棘里，百年前是五侯家"等等。铜驼，这对曾经象征文化沟通和交流，标志古代都城布局重大创新的遗物，又因此多了一种让人回味无穷的历史意蕴。

18 击鼓鸣金

  《孙子兵法》云："兵者，国之大事，死生之地，存亡之理，不可不察。"无论在古代还是现代，军事行动都是一国头等大事。一旦利剑出鞘，无非三种结果：胜利，失败，打平和解。

  影响古代战争局势走向的因素有哪些呢？例如国家实力、军队数量、武器装备、后勤保障、将帅指挥、战斗意志、外交策略、组织方式等等，我们在这里要讲的是其中一条：战斗纪律。没有纪律的军队是涣散的，不堪一击的，所以军队历来都强调士兵在战场上要令行禁止，共进共退。攻击时，要一拥而上，撤退也要有序，有掩护，有留守，有先撤后撤，这样才能保证军队如钢铁长城，不容易被击败。那么，在喊声震耳欲聋的战场上，如何将前进或撤退命令的信号传达到每一个士兵？古人在技术条件有限的情况下，发明了一套丰富的指挥系统，最常用的便是击鼓以进军，鸣金以收兵。

  击鼓进军比较好理解，就是临阵时，随军鼓手用力敲鼓，发出浑厚雄壮的声音，壮我军之胆，丧敌军之威，士兵乘机前进，发起攻击。关于击鼓进军的来历，有一个传说。相传黄帝在与蚩尤作战时，制造的就是革鼓。他从东海流波山上猎获了一种叫作"夔"的动物，这种动物的形状像牛，全身青黑色，发出幽幽的光亮，头上不长角，而且只有一只脚。"夔"目光如电，叫声如雷，十分威武雄壮。当时黄帝为它的叫声所倾倒，就命人剥下它的皮，制成八十面鼓，与蚩尤对阵时，让玄女娘娘亲自击鼓，顿时声似雷霆，直传出五百里。蚩尤部落闻声丧胆，以为天神下凡助阵黄帝，遂大败而走。后世沿用了黄帝的做法，军队配有敲鼓手，每临战阵，敲响战鼓，以壮军威士气。

  与击鼓进军相对的是鸣金收兵。那么，金是什么，为什么收兵时要鸣金？根据文献记载和出土文物所示，鸣金收兵的"金"特指一种叫作"钲"的青铜器。"钲"本是一种乐器，形状和钟很像，有长柄可以用手握住，使用时一手握柄，一手敲打"钲"身，可以发出清脆之声，若急敲，则音频很高，直刺入耳。古人即用敲击它来发出收兵的号令。根据阴阳五行家的说法，古时以东西南北中来对应五行，东方对应的是木，西方对应的是金，南方对应的是火，北方对应的是水，中间对应的是土。由于古代缺少理想的照明设备和雷达或夜视装备，

夜里一片漆黑，分不清敌我，一般大战都在日落前收兵，等次日再战。日落时，太阳正在西方，因此敲打金属乐器"钲"，就是告诉士兵，天色已晚，应当收兵回城了。

当然，战场上需要敲"钲"的情况有许多。如临强敌，力战不能胜，可以鸣金收兵；如果被敌人打败，为免于全军覆没，则应鸣金收兵；如欲诱敌深入，一接战便佯装败走，鸣金收兵，待敌来追而后伺机反扑；如接战后，敌人败走，而旗帜不倒，整齐有序，则可能是佯败，不能追击，亦当鸣金收兵；如敌人大败而退，将被逼入绝境，亦有穷寇莫追之说，可鸣金收兵。在不同的战争局势下，"钲"发出的虽是同一声音，传达给士兵的都是撤退的信号，但其中的不同意蕴，恐怕又是千变万化、丰富多彩的。

战国青铜钲
（中国国家博物馆藏）

19 青铜铠甲

古代战场上用青铜制作的兵器种类繁多，除了我们前面讲述的宝剑外，还有青铜制作的青铜戈、青铜矛、青铜戟、青铜箭镞等等。那么，作为抵御用具，也出现了许多青铜制作的防护器，有青铜头盔、青铜护甲、护心镜、青铜盾牌等等。这些从头到脚的防护器具，是古代士兵的"防弹服"，保护他们少受敌方兵器的伤害。

头部是最为脆弱和致命的攻击部位，因此在战场上需要重点防护，青铜头盔便是戴在头上的护具，以青铜铸成，上饰以各类图案。河南安阳西北1004号大墓曾出土一顶商代的青铜头盔，高26.5厘米，最大径23.0厘米，外表饰以双卷角的饕餮纹，眼、鼻、耳及角都相当凸出。另有许多商代武士的青铜头盔，正面饰以不同的饕餮图案，两侧耳部各有凸出之圆形，常以中为蟠龙的回纹饰之，盔顶有一圆管，似有羽毛之类的装饰。将这样的头盔戴在头上，不仅可以保护自己，狰狞威猛的图案还可以威慑对手。

防护身体主干和四肢的器具有青铜护甲。最早的护甲多以动物皮革制成。相传夏朝第七位王夏后杼，曾协助父亲夏后少康攻灭东夷人夷羿（后羿）、寒浞势力，中兴夏朝。夏军首攻东夷人就遭到了顽强抵抗，由于东夷人擅长射箭，箭术十分厉害，杼的军队被善于射箭的东夷人用弓箭抵挡，遭受损失，无法前进。退回国都后，杼用兽皮制作甲，兵士穿上后，不畏弓箭，能格挡敌人的刀砍箭射，战斗力大大增强，东夷人弓箭优势不复存在，身穿铠甲的夏人终于灭了东夷。商与周时期，人们已将原始的整片皮甲改制成可以部分活动的皮甲，即按照护体部位的不同，将皮革裁制成大小不同、形状各异的皮革片，并把两层或多层的皮革片合在一起，表面涂漆，制成牢固、美观、耐用的甲片，然后在片上穿孔，用绳编连成甲。但皮革制作的甲片在近身肉搏时，难以抵御戈矛，于是用铜片穿起来的护甲开始出现。若全身皆穿铜制护甲，则过于笨重，因此又发明了保护最为要紧部位的整块的胸甲。即便如此，铜制护甲仍然十分稀少，只有高级将领才有机会穿戴。宝鸡石鼓山的商末周初墓地曾出土过一组三件铜甲，两件护腿铜甲，一件护胸铜甲。我们知道秦始皇陵兵马俑士兵身上穿戴整齐的护甲，但其质材难以确定。宝鸡出土的青铜护甲，为解开比秦朝更早时期的护甲质材之谜提供了实物证据。

康熙戎装画像中的护心镜

护心镜是护甲的一种，但保护位置比普通护甲、护胸更为明确——心脏。护心镜一般位于胸口正中的位置，多为圆形，正面凸出，较其他部位甲片厚，其表面比较光滑，因此被称作"镜"，在受到攻击时可以起到缓冲、转移正面攻击的作用。护心镜经常出现在小说情节里。如《三国演义》第六回讲到黄盖与蔡瑁大战，"斗到数合，盖挥鞭打瑁，正在护心镜。"又《水浒传》第七十回："张清望后赶来，手取石子，看燕顺后心一掷，打在镗甲护镜上。"在这两场战例中，若不是护心镜的挡护，蔡瑁、燕顺二人估计要即刻殒命。

以上说的都是穿戴在身的青铜防护装备，在实战中，还有青铜盾牌，用手持握，远可以防箭矢，近可以御刀劈矛刺。不妨想象一下，先秦时期两师对阵，若一方士兵头戴虎纹青铜头盔，身披铜片鳞甲，护心镜铮亮耀眼，手握青铜盾，旗帜鲜明，寒光闪闪。这样的钢铁之师，估计也要让敌方士气先弱了三分。然而，清朝之前由于盔甲实物流传稀少，导致护心镜相当罕见。目前流传下来的清甲上的护心镜在高级将领或帝王盔甲上相当普遍。

19
青
铜
铠
甲

20 铜制大炮

火器的发明，在兵器史上具有划时代的意义。早在晚唐时期，黑色火药已被运用在军事上，出现了"飞天"一类的火器。北宋初年，在与契丹、西夏的战争中，火器得到了进一步发展，据仁宗朝所编纂的《武经总要》记载，当时的火器有"火箭""火药鞭箭""霹雳火球""抛石机"等。自宋末元初，古代火炮开始成为中国军队的重要装备，主要用于攻守城塞，也用于野战和水战。

然而，古代炼钢水平有限，炉温不高，造成锻造生铁太脆、熟铁太软，也不好掌握熔点，气泡较多，结构简陋，强度也不如铜炮。铜炮便于使用，就是造价贵些，但是容易上手，也安全可靠。

1604年（万历二十三年），东来的荷兰人在中国东南沿海与葡萄牙人的军事冲突中，使用了一种欧洲制造的前装滑膛加农炮，明人史籍中称为"西洋大炮"。该型火炮材质多为铜或铁，设计合理，身管长，管壁厚，自炮口到炮尾逐渐加粗，符合火药燃烧时膛压由高到低的原理；在炮身的重心处两侧有圆柱形的炮耳，火炮以此为轴可以调节射角，配合火药用量改变射程；设有准星和照门，依照抛物线来计算弹道，精准度很高。

西洋大炮的威力和射程远高于国内各式旧有火炮，很快引起了中国人的注意。1618年，崛起于东北的后金政权开始袭扰明朝辽东边境，次年更在萨尔浒大战中击败明朝的大规模野战兵团，取得决定性胜利，关外战局岌岌可危。值此情形，经过著名科学家徐光启等有识之士的强烈呼吁，明朝政府才开始从欧洲人手里购买西洋大炮。

1625年，明军利用西洋大炮在宁远重创后金军，皇帝特地降旨"封西洋大炮为安国全军和辽靖虏大将军"。经此一役，红夷炮的威名为世人所知晓。在来华传教士和西洋工匠的技术支持下，1630年，徐光启、孙元化等人受命前往山东主持仿造红夷炮的工作，当年即制造出大中小各型红夷炮400余门。这些火炮后来被布防到北方边境的各个军事要塞里，紧接着，明朝又组建了一支以装备红夷炮为主的火器部队。

关于西洋铜炮的制造工艺，孙元化撰写的《西法神机》中有详细的记载，其后德意志传教士汤若望口授、焦勖撰述的《火攻挈要》也作了专门论述。配制青铜铸造西洋火炮的材料非常关键，其材质主要为青铜和熟铁，要保证所选材料的质量，必须精炼。在《西法神机》《火攻挈要》两部书中都强调了金属冶炼的重要性。然而，后金军很快掌握了铸炮方法，以其人之道还治其人之身，很快用这种新式武器灭掉了明王朝。

清朝康熙时，传教士南怀仁奉旨进一步研究火炮。康熙二十年，南怀仁制成铜炮320门，康熙钦定名为"神威将军"。由于南怀仁向士兵传授了新的西式瞄准法，发炮的准确率大大提高。康熙二十八年（1689年），南怀仁又铸成"武成永固大将军"。从康熙十四年到六十年，清政府所造的大小铜炮、铁炮多达905门，其中半数以上是由南怀仁负责设计监造的。就质量而言，其工艺之精湛，造型之美观，炮体之坚固，为后朝所莫及。这些火炮，在康熙时期最重要的三大政治事件——平定三藩、统一台湾、抗击沙俄侵略中，都发挥了特殊的作用。

神威无敌大将军炮
（法国军事博物馆藏）

在抗击沙俄的雅克萨自卫反击战中，"神威无敌大将军炮"战功卓著。该炮为铜质前膛炮，上有铭文："大清康熙十五年三月二日造"，炮重1137千克，炮身长2.48米，口径110毫米。筒形炮身，前细后粗，上面有五道箍，两侧有耳，尾部有球冠。炮口与底部正上方有"星""斗"供瞄准用。火门为长方形，每次发射装填1.5～2千克火药，炮弹重3～4千克。该炮用木制炮车装载，多用于攻守城寨和野战，在两次雅克萨攻城战中发挥了巨大的威力。

21 铜与枪弹

铜不仅在冷兵器时代是战场上常见的武器，在现代枪炮发明以后，更是重要的战略金属资源，大量应用于枪炮子弹的制造。现代枪械射击要与膛线咬合，所以材料的质地必须比弹膛和枪管的质地软，否则一支枪承受不了这么大的摩擦力，打不了几发子弹就得报废。

因此，用铜来做子弹，主要是因为铜具备以下几个优点：首先，具有良好的可延伸性，也就是说容易加工成型；其次，具有良好的柔韧性，在发射药点燃后，在高压、高热下，不容易变形、撕裂；再次，铜金属制品表面光洁密度高，即便在各种复杂气象条件下也不易生锈，有利于长期存贮并能够适应复杂的作战环境。这就是铜和钢相比所具备的优点。但它的缺点是造价比钢要高，因此在实际应用中，不同国家会有不同的选择倾向。

一般来说弹壳是用铜制的，但是也有不少用钢和铝制的。大体上简单划分，北约国家用铜，他们的子弹弹壳体基本上是圆柱形，这需要材料有很好的延展性，抽壳也会很顺滑，铜是最理想的制作材料。冷战期间的华约国家子弹弹壳为圆锥体，弹壳材质多为覆铜钢或者涂漆钢，一般来说优点是成本低，但是抽壳或者连续射击后弹壳可能会卡在枪膛里，抽不出来，但是由于是圆锥体状的弹壳，这种情况较少发生。

也就是说，如果在不考虑成本的情况下，铜是制造子弹的最佳选择。随着科学技术的发展革新，如今各国生产子弹所用的原材料，则多是用铜钢等合成金属

铜造的子弹

代替了纯铜的地位。

铜在军事中如此重要，早在一百年前就为中国共产党的创始人之一李大钊所道出。他曾专门撰写一篇文章《战争与铜》论述了铜的作用。文章指出铜"以一切武器大小炮弹等无不需之。尤以近世武器发明之进步发射之速度甚急，因之于战场所消费之铜，益增其分量，至日以数千吨算"。通过分析第一次世界大战各方消耗铜金属量，阐明铜对战争的重要性。他还分析了美国、日本等国的铜产量，指出美国凭借战争期间对外出口武器，已成为最大产铜国，跻身于世界铜市之中心。

李大钊还分析了各国铜价与战争的关系。俄国工商部用行政命令限定铜价，制定统一标准，违反价格进行交易的会受到惩罚。中国铜钱日渐销毁，可能也是受战争的影响。美国铜价暴涨，英国铜价则较为平稳。对此，他分析，可能是英国政府管制了市场价格，以应对正在进行的战争。

基于以上分析，李大钊提出建议："铜与战争之关系，既如兹其切要，我政府应于收毁之制钱，特加贮蓄，以归于适当之用途，慎勿任其源源不绝输运海外以去，是不独金融界之重品，亦将来战场上之利器也。"由此可见他对事物认识的敏锐和远见。

22　侵略者与铜陵铜矿

在工业时代，铜矿成为珍贵的工业原料，蕴藏着巨大的经济价值。殖民者在全球殖民侵略活动中，也盯上了盛产铜矿之处。铜陵铜官山自古产铜，被誉为古铜都。然而，在积贫积弱的近代，她却被帝国主义者视为一块肥肉，两次遭遇侵略的危机。

第一次危机发生在清朝末年。1901年，英国人凯约翰来华活动，他根据李希霍芬等人的地质资料，打着英国伦华公司的招牌，手中拿着英国外交部的公文，到铜陵进行了详细考察，认准这里可能有巨大的开采价值。为此，他先于1901年同安徽省洋务局代表秘密签订了对歙县、铜陵、大通、宁国、广德、潜山六处矿山勘探的《勘验草约》，后于1902年同安徽地方官聂缉椝正式签订了《勘矿协约》。这份协约共二十三条，明确由凯约翰开采歙县、宁国、广德、潜山、铜陵(包括县属的大通镇)等地的矿藏，矿区总面积38.4万亩，期限为一百年，由伦华公司先集资五万两白银（相当于六万英镑）作为开办费。

这件事引起了地方爱国士绅的关注，他们对条约的签订表示抗议。尤其是1904年由陈独秀创办的《安徽俗话报》，第一期就报道了安徽人民保卫铜官山矿权的斗争。该报第九期还刊载了刘子运所写的《英商凯约翰开办铜陵县铜官山铜矿事略》，详尽地叙述了英商魔爪伸入铜官山矿以及安徽省政府出卖本省矿藏的经过，《安徽俗话报》还加按语："嗟呼！白色人种之灭人国者，表面以兵，里面以商。"撕开了殖民者以经商手段掠夺我国财产的侵略本质。

然而，腐败的光绪朝廷畏惧英帝国主义的压力，照知商务部，给凯约翰发放了开矿执照。1904年6月5日外务部又撇开安徽省府，直接与凯约翰签订了新的单独开采铜官山铜矿的合同，并通知安徽省府该合同已生效。至此，尽管安徽绅商纷纷反对，可木已成舟，凯约翰的罪恶目的第一步总算如愿了。

不过，在凯约翰与清政府签订的合同中规定，必须在约定的时间开工，否则就收回矿山开采权。而凯约翰是一个投机分子，无法筹够资金开采铜矿，时间一到就违约了。这时安徽士绅开始筹集资金，准备自行开发铜官山铜矿，并要求清政府宣布废除与凯约翰签订的条约，护矿斗争逐渐白热化。

1907年11月，在全国护路、护矿高潮中，安徽全省绅、商、学各界代表，以及皖籍旅沪、旅宁、旅赣同乡会代表数百人在省城安庆集会，宣布成立"安徽路矿公会"，选出运动领袖，并坚决要求废约。次年2月，安徽旅沪同乡会路矿公会组织发起了"铜官山公司"，并派人赴铜官山矿区驻守，保护铜官山的矿产资源。后来又经过复杂的博弈斗争，清朝外务部提出安徽地方政府给凯约翰五万英镑，号称《赎回条约》。凯约翰也只得接受条件，狼狈收手。铜官山的护矿斗争前后长达十年，最后以安徽地方的胜利而告终。

日军在铜官山修的碉堡

铜官山的第二次遇险，则跟日本侵略者有关。1938年，铜陵在日军进攻下沦陷，铜官山矿床落入敌手，被作为铁矿肆意掠夺开采。日寇后来发现矿石含铜量较高，不合要求，即派人进入矿区开展地质、物探、钻探工作，结果发现了富厚的铜矿体。尽管已是二战后期，战局对日本已十分不利，他们仍从1944

年起预备开发铜官山铜矿，先是在老庙基山开凿了65米长的平巷，接着又开凿斜井，抢劫式开采了含铜品位1.4%的富矿石约两万吨，甚至还修了一条7.5公里的轻便轨道连接铜官山到江边，用于矿石运输。然不久，日本即战败投降，铜官山也为国民政府接收，一度曾想按日本人的开采计划复工，却直到新中国成立也未能实现。

23 青铜器饕餮纹

如果您找来一张20元人民币，仔细观察正面中间的花纹，是不是能在"中国人民银行"和"20"数字的花纹里，找出人头的形状？如果你更仔细地观察，会发现眼睛、鼻子、耳朵、嘴和下巴，五官俱全。它是谁呢，是不是似曾相识？对了，正是与你在博物馆里常常看到的青铜器上的花纹图案相似。它就是饕餮纹。

青铜器上的饕餮纹

饕餮纹是兽面纹的一种。顾名思义，可以从中识别出兽类的躯干、兽足或仅是兽面。这种纹饰最早出现在五千年前长江下游地区良渚文化遗存出土的玉器上。中华文明进入青铜时代后，兽面纹便常见于青铜器上，尤其常见于铜鼎。然而，兽面纹案既似写实，又高度抽象，它究竟是指哪种兽呢？各类青铜器上不同的纹印有着不同的特征，有的看上去像龙，有的像虎，有的长角像牛或鹿，有的还像鸟，有的甚至像人。不过，最为常见和典型的兽面纹看上去多像老虎。

老虎的凶猛是众所周知的，这种猛兽在蛮荒时代处在食物链的顶端，常以人为食，给人们带来了恐怖的记忆，也使人类早期形成对虎的崇拜，认为虎是神兽，能够通天。这种记忆和信仰反映在青铜器上，便是面目狞厉，威武神秘的虎形纹案。于是，到了宋代金石学开始兴盛时，当时的研究者们给这种青铜纹案起了一个生动的名字"饕餮纹"。由此，"饕餮纹"的称呼一直流传至今。将青铜器上的兽面图形都称作"饕餮"兴许会让它原本丰富的内涵遭到破坏，但却也表现了这类纹案最突出的特征。

那么，"饕餮"又是什么呢？古书上有诸多记载。《山海经》里说，远古时代有一座山叫钩吾山，山上多玉，山下多铜，山中常出没一种怪兽，它长着羊的身躯，却有人的面孔，眼睛长在腋下，有老虎的利齿和人的手，叫声如婴儿哭啼，常扑食人。晋代的大学问家郭璞认为，这种怪兽便是传说中的饕餮。汉代东方朔所作的《神异经》里则说，饕餮是一种猛兽，与《山海经》里不同的只是其生得牛身人面，眼睛依旧在腋下，同样以人为食。但是在这本书的另一处还说，西南地区有一个部族，他们遍身毛发，像狼一样贪婪凶恶，喜欢囤积财物，强者欺负弱小，害怕势众的人，喜欢攻击落单者，名为饕餮。这一说法显然就褪去了神秘色彩，似乎是对某一原始部落群体的描述，因其性贪婪凶恶，故名饕餮。《述异记》则明确指出，饕餮，就是指远古时期西南的三苗人。饕餮的形象也从神话里的怪兽回归到人间。

以上几种文本多记荒诞不经之事，难以据信。可信度较高的太史公《史记》中说，在三皇五帝时代，帝鸿氏、少皞氏、颛顼氏、缙云氏四位部族首领的儿子中皆有不肖者，分别被人称作"浑敦""穷奇""梼杌"和"饕餮"，合称"四凶"。"饕餮"便是人们对缙云氏之子的恶称，《左传》说他贪于饮食，横侵暴敛，不体恤百姓穷匮。缙云氏是黄帝任命的地方部族首领，姓姜，属炎帝之苗裔。而史载蚩尤也属炎帝部落，亦姓姜，有兄弟八十一人，骁勇善战。相传蚩尤面如牛首，背生双翅，是牛图腾和鸟图腾氏族的首领。黄帝打败炎帝后，蚩尤不服，起而抗争，后又被黄帝打败。这些记载亦见于《史记》。这很容易让人联想到饕餮便是蚩尤的化身，恐怕也印证了远古时期便有历史传述"成王败寇"的铁律。而传说也与此相符：蚩尤战败后，被黄帝斩下首级，身首异处，怨气化为饕餮，能够吞噬万物，被黄帝用轩辕剑封印，并由狮族世代看守。古文字和考古学者陈梦家即认定，饕餮就是蚩尤。

汉代石刻中的蚩尤

由于蚩尤战败身亡，炎黄后代掌握了叙事的权力，所以后世关于饕餮的形象十分负面，可谓穷凶极恶。这一形象自远古一直延续到现在，最近在导演张艺谋执导的奇幻电影《长城》中，那蜿蜒万里的城墙竟然也是为抵御饕餮的入侵而建，英雄美女们依托它对抗残暴丑陋的饕餮怪兽。如果我们了解到蚩尤不过是一个敢于对抗强权的部落首领，了解饕餮的形象不过是胜利者对失败者的一种丑化，那么有关饕餮的许多传说，便可剥去"宣传"的外衣。

如果真相便是如此，那么为何被视为神器的青铜器上，要印上敌人或者战败者的面纹？这恐怕有悖于常理。故事还得追溯到宋代金石学家身上，他们将兽面纹命名为饕餮纹，的确是造成这种误解的根源。兽面纹的部分文案虽似传说中的饕餮，但兽面纹的丰富内涵其实远远超出"饕餮"所表达的内容。青铜兽面纹所蕴藏的古人真实的神祇信仰、精神寄托以致审美追求和美好希望都值得进一步深入探讨。

24 铸在青铜上的文字

汉字在发展史上，所经历过的几种主要流行字体有甲骨文、金文、篆书、隶书、草书、行书和楷书。其中，排在第二位的金文，是铸刻在商周青铜器上的金属文字，因为青铜器中的代表性器物钟和鼎上最常见此种文字，所以金文又叫钟鼎文。

金文是由甲骨文演进而来的，发源于商朝，到周朝而鼎盛，出现在大量青铜器物上，后一直延续到秦汉时期才逐渐消失。实际上，在河南安阳殷墟甲骨卜辞发现，以前许多带有刻画符号的甲骨兽片一直被当作中药的一味药材——"龙骨"在药铺售卖。古代出土或传世的青铜器上的文字才被认为是起源最早的文字。

根据我国著名的金文学家、考古学家容庚所著的《金文编》记载，金文共有3722个字，现在可以识别出来的有2420个字。这应该只是个大概数目，随着更多青铜器的出土，金文文字总数或许还会增加，研究还会深入，而已识别出的文字也未必全都准确。

金文铸刻在钟鼎盂盘等青铜器上，非常显眼，因此很早就为人们所注意和研究。根据史料记载，早在秦汉时期，就已经有青铜器陆续出土。那时人们将出土的青铜器视为祥瑞之物，对于其上刻画的文字，更以神圣的态度对待，研究也是零星的、偶然的，没有形成系统的学问。到了宋代，由于青铜器、石碑等考古资料的累积，人们开始考证金文字义，释读篇目内容，形成了著名的"金石学"。欧阳修是金石学的开创者，赵明诚在《金石录》中正式提出"金石"的概念。金石学也就是中国现代考古学的前身。

清代以后，乾嘉学派盛极一时，他们注重精细的考证研究，为考证一个字的确义，竟不惜长年累月下工夫。这也推动了金石学研究进入鼎盛时期，出现了许多金文研究成果的汇编。我们今天所熟知的翁方纲、罗振玉、王国维等，

毛公鼎金文

24 铸在青铜上的文字

容庚《金文编》书影

都在金文研究方面颇有建树。

那么，青铜器既是古代贵重的器物，铸刻在它上面的金文都包括哪些内容呢？根据金石学家和考古专家的研究，金文记载的内容相当广泛，祀典、赐命、诏书、征战、围猎、盟约等活动或事件的记录都曾出现。金文全方位地反映了当时的社会生活，是当今历史学家研究古代历史的重要资料来源。可以想见，商周时期的先民们，以青铜为"书写"材料，希望他们的历史功绩永远流传，为后世所知晓。经过岁月的沧桑，甲骨上的刻画已模糊不清，竹简上的文字已经被残蚀损缺，石头上的凿刻也经不住日复一日的风吹日晒而斑驳消隐，唯有青铜器上的金文，在擦去锈蚀后，依然清晰可见。金文记事一般不长，几十字、数百字的篇幅，就能简要反映当时的重大史事。

西周利簋，又称"武王征商簋"，已成国宝级青铜器。这件西周早期的青铜簋器外形庄严肃穆，但在商周青铜器内亦不算突出，而它的内底所铸有的4行33字铭文，却使它成为极其珍贵的历史文物，因为这33个青铜文字，记录了中国历史上的一个重大事件——武王伐纣。簋内的33个字是：武王征商，唯甲子朝，岁鼎，克昏夙有商，辛未，王在阑师，赐有事利金，用作檀公宝尊彝。著名历史学家张政烺将它解释如下：周武王征伐商纣王，一夜之间就将商灭亡，在岁星当空的甲子日早晨，占领了朝歌，在第八天后的辛未日，武王在阑师论功行赏，赐给右史利许多铜、锡等金属，右史利用其为祖先檀公作此祭器，以纪念先祖檀公。

西周利簋上33个金文所记之事，与中国古代历史文献《尚书》中所记武王伐纣的事情相互印证，符合王国维提出的"二重证据法"的原则，即出土考古资料与传世古代文献记录相结合，可以确凿地判定历史事实。由于利簋的记录，武王伐纣的故事便因此成为信史。类似地，西周时期的许多其他青铜器上的铭文，如毛公鼎铭文、虢子白盘铭文等等都记录了一些重大史实，构成了研究中国古代历史不可或缺的珍贵资料。也正因为它们的存在，当我们骄傲地说起祖国源远流长的历史时，才有十足的底气和信心。

25　铜山西崩　洛钟东应

　　东方朔是汉武帝时期的谋臣，生平事迹入选司马迁《史记·滑稽列传》。东方朔博学多闻，足智多谋，常陪侍在汉武帝左右，对后者提出的问题能随时给出巧妙幽默的解答。因此，司马迁认为他的言行举止是滑稽取巧，故将他归入《滑稽列传》。而东方朔本人可能并不这么认为，他自负满腹经纶，有治国理政之才，一生给人滑稽之感，未受重用，也让他感到遗憾。东方朔的表达方式虽然比较幽默，但态度是认真的，有理有据，并非无稽之谈，也往往能够说中答案。这里要讲的故事，就与东方朔有关。

　　西汉的国都在长安，今西安市附近。汉武帝时，未央宫前殿的铜钟无故自鸣，声音清脆，三天三夜不断。这一诡异现象引起了大家的好奇乃至恐慌。汉武帝下令，叫来太史王朔，问他是怎么回事。王朔以多闻知名，对铜钟无故自鸣也感到不解，便推测这可能是要发生战争的预兆。汉武帝又问东方朔，东方朔说，我听说铜产于山，那么铜就是山的儿子，山就是铜的母亲，按照阴阳二气的理论来说，儿子与母亲会相互感应，现在铜钟自鸣，恐怕有山崩之事发生，不出五日必有来报。

　　三天后，南郡太守上书说，当地有山崩，延绵二十余里，正应验了东方朔的预言。汉武帝感叹说，自然界的事物尚且如此，更何况人呢？昔日曾子奉养母亲十分孝顺，当他出门在外时，曾母如果有事找他，想让他回家，就咬一咬自己的指头，曾子因此会感到心头疼痛，便知道母亲在召唤自己。曾子全孝，能与母亲产生这种感应，一般人侍奉父母的孝心比较浅薄，因此难以产生这种感应吧！山崩与钟应也应该就是这种感应的原理。

　　东方朔看似荒诞的解释，得到了事实的证明。实际上，事物相互感应，是古人信奉的一种自然观。作为中国古代智慧结晶的《易经》，就是这种观念的集大成者，基于有机自然观对事物进行占卜和预测。《易经》上说，鸣鹤在阴，其

二十四孝之啮指痛心图

子和之，就是同气相应的意思。古人又根据烧裂的龟甲或兽骨的裂痕来判断事物的吉凶；依据随机抽到的竹签做出不同的选择；通过抛掷铜钱，观察其落地的正反面，推测未来的发展情况；日月五行等天象更能预示王朝的兴衰。古人虔诚地相信它们之间存在着某种神秘的感应和必然的联系。

万物相关的概念在中国古代有极早的起源，之后又在历史的流传中经久不衰，直到近代，在西方科学大举传入中国之后，仍根深蒂固地存在于百姓的观念中。辛亥革命前，哈雷彗星回归地球，它发出耀眼的光芒，拖着长长的尾巴，缓缓在天空行进。这引起了清朝上下的恐慌，宫廷内立即命钦天监官员观测占验，举行辟邪护佑的仪式。而想要推翻清王朝的革命党人，则在社会上大肆传播谣言，鼓吹改朝换代的正当性，利用人们对彗星的疑惧，制造社会恐慌和动乱。这一方法也确实起到了作用。

随着科学的普及，人们已不再相信神秘的万物感应，但铜山西崩而洛钟东应的故事所反映出的一种自然观，的的确确在古代产生过重要影响。

26　学问之道　采铜于山

　　顾炎武是明末清初的大学者，学风朴实，思想创新，对后世学术有重要的影响。关于做学问的态度，顾炎武有一段很有名的论述。他曾在给一位朋友写的信中说道：如今许多人编纂书籍，就好像是当下流行的铸钱方式一样，古代人是在深山里采掘铜矿，经过研磨，去掉渣滓，而后冶炼，铸成崭新的铜钱；现代人则是在市场上购买磨损残破的旧铜钱，也就是所谓的废铜，将它们熔铸成钱。他还在信中分析了后一种铸钱方式的弊端，不仅新钱会因为质材不佳而难以铸好，原先可能有价值的古钱也被熔化了，真是得不偿失，这反映在做学问上的情况则是，那些编纂的书籍质量不高，而原有的材料出处，可能因为得到这样的编纂收录而更加容易遗失湮灭。他告诉朋友说，自己正在写的《日知录》，就是一本用采铜于山的方式书写的著作，不追求快，但追求精和好，多年来都是勤于诵读广泛的书籍，反复推敲研究，将有价值、有心得的地方记录下来，一年也不过得到十余条罢了。

　　顾炎武言出必行，他杜绝了急于求成的浮躁学风，靠勤奋深思研究学问。《清史稿》上记载，顾炎武自少年至老年，没有一刻放弃读书，他曾为求知识，游历各方山川物土，考察风俗民情，在路上用两匹骡子和两匹马驮着装满书的大书箱。每到一处，都披览古书，与所见实物相互勘验，有不同之处或有新发现，就当即记录。人们经常见他在马鞍上一边赶路一边默诵经籍和注疏。他这个求知过程，就是采铜的过程，一点一滴的知识都是从最原始的地方考证得来，依据充分，货真价实。用今天的话说，他注重原创，反对东抄西编的粗制滥造。顾炎武所实践的采铜于山式做学问的方法虽然难度更高，需要花费更多的力气，但著作的价值也更高，能够经得起时间考验，流传久远。

　　顾炎武的《日知录》，是他集三十年之功才著成的。他在晚年曾写信给弟子说，这本书要再等十年才能完稿，如果自己的寿命等不到那么长时间，就以临终时绝笔为定稿。幸好最终《日知录》全部完成，而顾炎武为此耗费了毕生心血，成书过程中五易其稿，手抄就抄了三遍，直到他垂垂暮年，快要写不动了，才付梓出版。正是以这种极其严谨的、近乎神圣的学术态度，才使这本书成为皇皇巨著，在中国文化史上占据重要地位。

顾炎武《日知录》书影

《日知录》内容宏富，全书32卷，有条目1019条，长短不拘，最长者《苏淞二府田赋之重》有5000多字；最短者《召杀》仅有9字。其中不少名言警句，传诵千古，如"礼义廉耻，是谓四维"，"保天下者，匹夫之贱，与有责焉耳矣"，"国家兴亡，匹夫有责"，慷慨激昂，激励着一代代中国士庶。

顾炎武自言《日知录》，"平生之志与业皆在其中"，他的弟子潘耒在为此书作的序言中评价说，"先生非一世之人，此书非一世之书"。这正是以采铜于山的态度做学问的结果。

27 "染指"的来历

"染指"一词意指插手某事，多用于令人反感之行为。然而，它本意来自何处？为什么染的是"指"？又是在哪里"染"？答案又与一件青铜器物——鼎有关系。

《史记》和《左传》都记载了这样一个故事：郑国的公子归生（字子家）和公子宋（字子公）皆郑国贵族公卿。有一天，公子宋和子家去见郑灵公。将进宫门时公子宋忽然停住脚步，抬起右手，笑眯眯地对子家说："你看！"子家莫名其妙地看着公子宋的手，只见他的食指一动一动的，不禁摇了摇头，也伸出自己的右手，动了动食指，说："这谁不会！"公子宋哈哈大笑，说："你以为是我让食指抖动的吗？不！这是它自己在动。不信你再仔细看看！"子家认真地观察了一会儿，再动了动自己的食指。果然，公子宋的食指的抖动与自己食指抖动的状态不一样。公子宋得意地晃着脑袋说："看样子，今天有好吃的在等我们呐！以往每当我这食指动起来以后，总能尝到新奇的美味！"

子家将信将疑。两人进宫，发现厨子正在把一只已经煮熟了的甲鱼切成块儿。这只甲鱼特别大，是一个楚国人进献给郑灵公的。郑灵公见这只甲鱼很大，可以分给好多人吃，决定把它分赐给大夫们尝尝。子家忍不住朝公子宋竖起了大拇指。公子宋笑着晃起了脑袋。郑灵公见这两人这么没规矩，不禁皱了皱眉头，问："你们在笑什么？"子家就把刚才宫门外的情况讲了一遍，郑灵公听了，含含糊糊地说了句："喔，真有这么灵验？"便不再说什么。

过了一会儿，大夫们到齐了。那只已经切成块儿的大甲鱼入在鼎内由厨子装进盆子，先给郑灵公，然后给各位大夫。郑灵公先尝了一口，称赞道："味道不错！"命给每人赐鼋羹一份，餐具一套，自下席派起至于上席。恰到最后二席，只剩得一份鼋羹。灵公曰："赐子家。"宰夫将羹端到了归生桌上。之后大家便津津有味地吃了起来。但是，公子宋却呆呆地坐着。原来，他面前的桌案上什么也没有。

公子宋窘迫不堪，脸上红一阵，白一阵。他看着郑灵公，郑灵公正吃得很香，吃完又和大夫们说笑，似乎根本没有注意到他。他又看看子家，见子家也吃得起劲，还朝他扮鬼脸。公子宋再也忍不住了，忽地站起来，走到大鼎面前，伸出指头往里蘸了一下，尝了尝味道，然后，大摇大摆地走了出去。这就是"染指"的来历。

公子宋这一"染指"闯了大祸。大鼎乃郑灵公所有，没有他的命令，竟然胆敢私自伸手进去沾汁，无疑是对郑灵公权威的公然挑衅。郑灵公非常愤怒，想要找机会杀掉子公。子公得到消息后，决定先下手为强，与子家暗地里谋划。子家起初不愿意，他说："即便是畜生老了，要杀掉它也是很令人忌惮的事，何况是一国之君呢?"子公胁迫子家说，若其不参与起事，致事情败露，自己将会诬陷于他，仍使他脱不了干系。子家不得已，与子公一起，于当年夏天起兵杀死了郑灵公。

可见，从本意上而言，"染指"是行出其位的不当行为，带有挑衅意味，自然会导致一方或多方的不愉快，严重的则会造成不好的后果。因此，"染指"一词略带有负面含义。

28　铜业古诗三首

　　铜的采冶，是古代一项重要的手工业。人民采冶铜矿的劳动之美，也常被文采斐然的诗人所讴歌，留下不少千古佳句。本篇选取三首古代铜业诗歌，两篇为唐代李白所作，歌咏的内容是炉火炼铜的场景；一篇为宋代梅尧臣所作，赞叹的是青山开矿的壮阔。三首诗歌不仅描绘传神，意蕴丰满，而且背后都各有故事。

秋浦歌

唐·李白

炉火照天地，红星乱紫烟。

赧郎明月夜，歌曲动寒川。

　　这首五言绝句是唐代大诗人李白创作的组诗《秋浦歌十七首》中的第十四首。此诗是颂赞冶炼工人的正面作品，诗人饱含激情，唱出了一曲劳动者的颂歌。全诗展示了一幅瑰玮壮观的秋夜冶炼图。在诗人的笔下，光、热、声、色交织辉映，明与暗、冷与热、动与静烘托映衬，鲜明、生动地展现了火热的劳动场景，酣畅淋漓地塑造了古代冶炼工人的形象。

　　秋浦，即秋浦县，因流经县城之西的秋浦河得名，唐时先属宣州，后属池州，在今安徽省贵池县西。李白一生，酷爱名山秀川，曾于天宝、上元年间，先后五次到秋浦，足迹踏遍九华山和秋浦河、清溪河两岸，留下了几十首诗篇，其中名篇颇多。《秋浦歌十七首》是李白三次游秋浦期间写下的代表作，组诗的写作时间约在唐天宝八年至十四年。

答杜秀才五松山见赠

唐·李白

铜井炎炉歊九天，

赫如铸鼎荆山前。

陶公矍铄呵赤电，

回禄睢盱扬紫烟。

　　这是李白游秋浦期间给杜秀才的回信，全篇很长，在此仅取长诗中的四句。内容是记述李白自己在铜陵、南陵一带看到的炼铜盛况，用词瑰丽，想象力十分丰富。铜井，即铜井山。《元和郡县志》载："铜井山，在南陵县西南八十五里，出铜。"南陵有铜官冶，《一统志》载："铜官山，在铜陵县南十里，又名利国山。山有泉源，冬夏不竭，可以浸铁煮铜，旧尝于此置铜官场。"

铜官山

宋·梅尧臣

碧矿不出土，青山凿不休。

青山凿不休，坐令鬼神愁。

　　前面两首诗都是描绘炼铜的热烈情景，这首诗则是刻画采铜的壮阔场面。这首五绝古诗总共二十个字，却有十个字是重复的。颔联和颈联的反复并不会让人感觉到啰嗦，而是有一种递进的含义在里面，更加有力地渲染了采矿工人持之以恒、不懈奋进的精神。这种不惜凿穿青山的进取精神和意志，竟然令鬼神也为之发愁，可谓神来之笔。这是一首不可多得的描述古代采矿工人劳动场面的好诗。

29　铜与度量衡

公元前361年，秦国国君，年仅21岁的秦孝公刚继位便面临七雄并立、相互征伐的局面，当时的秦国，无论国力还是战事，都不占优势。先王秦献公在位时，与魏国战败讲和，割去西河之地，迁都栎阳，而后数次东征意欲收复失地，却直到逝世也未能如愿。年轻的秦孝公深感责任重大，梦想有朝一日恢复秦穆公时期的霸业。他励精图治，求贤若渴，颁布《求贤令》，寻求富国强兵之策。

秦八斤铜权

（中国国家博物馆藏）

《求贤令》颁布后，卫人商鞅觐见，说服秦孝公变法图强。孝公稳重地推进局部变法后，初见成效，于公元前356年任命商鞅为左庶长，在秦国境内实行第一次大规模变法。这次变法后，秦国迅速强大起来，击败强韩，与楚联姻，与魏会盟，初露霸王之气。为巩固成果，秦孝公任命商鞅为大良造，继续深化改革。公元前350年，秦迁都咸阳，而商鞅也在这一年颁布了力度更大的变法措施。在这次变法中，商鞅下令，统一秦国境内的度量衡，以中央颁布的标准为唯一依据。

秦代方升
（上海市博物馆藏）

　　那么，为什么要统一度量衡呢？此前的秦国度量衡并不统一，衡量大小多少乃至长短的标准都十分混乱，一地与另一地不同，中央与地方有异，这给商品的交换和赋税的征收带来无尽的麻烦。商鞅认识到，如果这一现状继续存在，那么不仅经济活动的效率会受影响，作为新改革措施重要内容的赋税制度和俸禄制度也将因缺乏统一标准而难以推行，至于地方有自行制定度量衡的权力，更是不利于中央控制。于是，他第二次变法的措施之一便是用青铜铸造一套度量衡，确定容积大小、轻重高低和尺丈长短，颁行全国，要求秦人必须严格执行，不得违法。这样一来，不仅该法本身颇有成效，也保证了其他变法措施的成功。现存于上海博物馆的商鞅铜方升（又叫商鞅量），被列为国家一级文物，便是这次变法的实物证据。这只铜方升容积为202.15毫升，上刻有三十二字的铭文，显示为秦孝公十八年所造，正是商鞅推行变法时期。秦孝公大张旗鼓的两次变法，奠定了秦国崛起的基础，此后连败魏国，初步实现了恢复秦穆公霸业的夙愿。

秦孝公死后，商鞅因变法措施得罪了有既得利益的贵族阶层，遭到群起反对，最终被施以残酷的车裂之行。然而商鞅虽死，其法犹存，这确保了秦国国力的持续上升，在七雄逐鹿中日益占据上风，至秦王嬴政继位时，便迎来了横扫六国，一统天下的时机。

秦始皇统一六国后，已经尝到统一标准所带来的好处，遂下令书同文，车同轨，统一货币，统一度量衡。与秦孝公时期不同的是，这次统一已不限于早期的秦国一隅，而是统一后的六国全境。此举对维系大一统的中央集权以及促进文化的交融与发展意义重大。在度量衡方面，许多标准都沿用了商鞅定下的规格，商鞅铜方升即被认定继续作为秦朝的量具。另外，传世文物中，藏于秦始皇帝陵博物院的秦铜权也是秦始皇这次统一度量衡的重要见证者。权即秤砣，用于衡量物之轻重。这枚保存完好的秦铜权呈十七棱面，空心，权身刻有两诏铭文，内容是秦王政二十六年和秦二世元年统一度量衡的两个诏文，因此极为珍贵。

或许有人要问，为什么统一度量衡用的器物都是铜制成的，难道石头和铁不行吗？答案是，并非没有铁制或石制的度量衡器，秦以铜铸之，除表郑重外，还应与当时人们的认知有关。古人认为，铜者，同也，自然带有同天下，齐风俗的功能；再者铜是万物的精华，无论燥湿寒暑还是风吹雨淋，都不锈不腐不变形质，具有极好的稳定性，品质与士君子相像，值得信赖，能确保公平、公正，因此便喜用铜制成对精密度要求较高的度量衡器物了。

30　铜壶滴漏

　　时间是安排生活作息的重要指示，在没有时钟的古代，人们是怎样计时的呢？这里面可蕴藏着大学问，我们的祖先很早就想到了一些巧妙的方法。

　　起初他们只是通过观察太阳或月亮在天上的位置，根据经验判断昼夜的大概时辰。后来，将这一方法细化，选择一处比较平整开阔的地面，垂直竖起一根木杆，再在地面上划一些表示时刻的线条，根据竿的影子在线条上的位置，就能读出相对准确的时刻。有人说这就是"太阳钟"，那竿子是时针，太阳在天空中由东向西移动时，也在无形中"拨动"了时针。这种计时方法再稍加改进，就是我们今天所熟知的日晷了。但日晷只有在晴天才管用，如果遇到阴雨天，或者到了晚上，日晷就不管用了。所以，如何实现全天候计时，更有待发明新的方法。

　　古代的人们在用陶器取水、储水的时候，因陶器质地疏松，难免出现漏水现象。通过长期观察，人们注意到，当容器以比较均匀的速度漏水时，容器内水面下降的高低和时间有一定对应关系。根据这一现象，人们制成了专门用于计时的漏水壶。至于发明漏水壶计时器的准确年代，目前尚不能明确。我国的历史文献中曾说："漏刻之作盖肇于轩辕之日，宣乎夏商之代。"若据此说，漏水壶计时器则是产生在黄帝时代，也就是原始社会末期，到夏商时已普遍使用，但目前尚缺少实物证据。另据《周礼》记载，西周时已有专门掌管漏壶计时的官员——擎壶氏，这说明最迟在距今3000年的时候，我国已正式使用漏壶计时了。

　　漏壶有沉箭式和浮箭式两种。最初使用的是沉箭壶，即用一只铜壶盛水，接近壶底有一个小洞，壶中竖插一根刻有刻度的木尺，木尺下端固定在一块船形木块上，使其浮在水面上，当水从小洞滴出后，人们根据水位降低后标杆上的刻度来判断时间。浮箭式漏壶也随之出现，采用两个壶，由上壶滴水到下面

日晷

（北京古观象台）

的受水壶，液面使浮箭升起以示时间刻度。人们很快就发现，漏壶中水多时和水少时的滴水速度不同，会使箭标下沉或上浮的速度前后不同，影响漏壶计时的准确性，所以，为了提高计时的精确度，逐渐发展成多只一套的漏壶，由此沉箭式漏壶便不再使用，仅保留浮箭式漏壶。漏壶的级数越多，计时就越准确。

实物表明，在浮箭式漏壶系列中，壶数最多的是4壶一套，而且这种4壶一套的漏壶仅有两套存世，一套是清代制造的，现陈列在故宫博物院的保和殿；另一套制于元延祐三年(1316年)，现藏于中国国家博物馆。这两套均用铜铸造而成，故称为"铜壶滴漏"。

元代铜壶滴漏
（中国国家博物馆藏）

以元代铸造的铜壶滴漏为例。它放置在阶梯式架子上，4只铜壶大小不等，自上而下，依次递减。最大的一只高75.5厘米，口径68.2厘米，底径60厘米。由于自上而下的3只铜壶外壁分别铸有太阳、月亮和北斗七星图，所以被分别命名为日壶、月壶和星壶，最下面的铜壶叫受水壶。日壶、月壶、星壶近底部都有一个龙头形滴水口，壶盖上开有一个进水孔，小水滴从日壶滴进月壶，再从月壶滴进星壶，最后进入受水壶。受水壶装有两个重要部件：一个是竖立在壶盖正中的铜尺，高达66.5厘米，上面刻画12条横线，旁边标有12时辰的名字，每个时辰是2小时。再一个是浮箭，也就是在一块小木块上连接一把木尺，随着受水壶里水量的增加、水面的上升，浮箭自然同步上升。人们察看浮箭顶端指示的铜尺刻度，就可以知晓当时、当地的准确时间了。如果把铜尺比喻为今天钟表的表盘，这浮箭就犹如表针了。

由于水的流动会受到温度等因素的影响，所以即便是多级滴水，也难免在时间上有微小误差，有时还要借助日晷等计时器进行调整。尽管如此，古代铜壶漏刻的计时精度已经非常之高。中国科学技术大学科技史与科技考古系毕业的华同旭博士，在其博士论文中即通过复原古代铜壶漏刻，采取模拟实验的方法，检验了这一计时方式的精度，结果证明已非常接近今天的科学计时。

我国发明的漏壶比国外制作的滴水计时器要早很多，应用也普遍，成为历代计时的重要工具。不过到了明朝以后，由于西洋传教士带入的钟表逐渐普及，漏壶应用才日益减少，可是在皇宫里还可看到它的踪迹。如清乾隆时所制的漏壶，不是用来计时，只是宫廷陈设而已。

31 乾隆测雨台

在东亚科学史上，有一台科学测量仪器长久为中、日、韩三国学者所关注，它以黄铜制造，呈圆筒形，筒高一尺五寸，圆径七寸，置于测台之上。台上直书"测雨台"三字，表明了它的用途，立台时间注明是乾隆庚寅五月造，也就是1770年造。有趣的是，这台测雨器不是在中国，而是在今韩国境内。曾经在很长一段时间内，许多科学史家认为，乾隆庚寅年五月制造的测雨器，是清朝定制，而后颁发至朝鲜。

乾隆测雨台

在我国古代，气象学还不是一门成熟、独立的学科，但观测天气气候的变化，却是自古就有的人类科学活动之一。殷商时代的甲骨文里，就有文字记载气象方面的观测资料，殷墟甲骨文卜辞中也有天气预测和实况的记载。气候观测要素有许多，常见的包括风速风向、雨水多寡、雷电时刻、冰雹霜冻等等。

乾隆测雨台是用于测量雨量的器具。最早的测雨器记载见于南宋数学家秦九韶所著的《数书九章》。该书第二章为"天时类"，收录了有关降水量计算的四个例子，分别是"天池测雨""圆罂测雨""峻积验雪"和"竹器验雪"。其中"天池测雨"所描述的"天池盆"已经和现代气象观测所使用的雨量筒非常接近了，而方法上则采取"平地得雨之数"来度量雨水，堪称世界上最早的雨量计算方法，为后来的雨量测定奠定了理论基础。

书中也把"降雪"纳入"降雨量"的范畴，只可惜，在降雪量测量方面，只实测降雪的厚度，并未进一步折算成降水量。

到了明清时期，测风量雨有了集中的场所——观象台，不仅有气象观测，还有天文观测。各地州、县，也负有观测任务，凡有灾异现象，特别是风灾、雨灾等气象灾害，都必须呈奏，诸如《晴雨录》《雨雪粮价》之类。各地官员也有大量的有关当地天气、气候及气象灾害的奏折。如今，在中国第一历史档案馆内，还珍藏着大量的古代有关天文地理、黄河水文、气象灾害等方面的资料。

这些观测活动与记录表明，当时人们已经注重系统观测天气要素，雨量多寡是最为重要的天气要素之一，得到加倍重视。考虑到当时中国对周边国家的影响，向四邻颁发测雨仪器实属正常。然而，最新的科技史研究成果表明，当时中国并无向朝鲜颁发测雨器的史料记录，而朝鲜却有自造测雨台的记录，制造的年份也相符。这只"乾隆庚寅年五月造"的测雨器，很可能是朝鲜自造的，因为当时朝鲜是清朝的宗属国，所以使用了清朝的纪年年号。

韩国1987年发行的邮票上的风向台（左）
和测雨台（右）

32 针灸铜人

穴位经脉理论是中医的核心医学理论之一，最早见于《黄帝内经》，虽然用现代医学技术手段无法检测到穴位的存在，更无法定义经脉为何物，但这并不妨碍针灸疗法在中医实践中存在了上千年，而且据说疗效很好。那么，对于看不见测不着的经脉穴位，中医师是如何找到的呢？起初是靠口耳传授和医书图画，由于没有直观形象作为参考，非但不方便，还容易出现错误。针灸铜人的出现很好地解决了这一教学难题。

据资料记载，我国古代制作的最重要、最著名的针灸铜人是宋天圣铜人。它是我国历史上最早的针灸铜人，可以说是众多针灸铜人的鼻祖。宋天圣铜人于宋朝天圣五年由宫廷医官、著名医学家王惟一主持制造。王惟一是宋代著名针灸学家，曾任翰林医官院医官、尚药局奉御，他对古医书中有关针灸理论、技术、明堂图经等方面都有深入研究。他对人体解剖、穴位、经络走行、针灸主治等进行了细致研究，撰成《铜人腧穴针灸图经》3卷。宋仁宗看后认为书中论述虽然精辟，但是学习的人执行起来可能还是会有偏差，于是继续下令王惟一制作针灸铜人模型，以便更具象地认知针灸理论。

王惟一按照成年人体的尺寸，设计了男女铜人各一，交予工匠师铸造。铜人铸成后，其胸背前后两面可以开合，体内雕有脏腑器官，铜人表面镂有穴位，穴旁刻题穴名。它既是针灸教学的教具，又是考核针灸医生的模型。考试时在铜人体表涂蜡，体内注入水银，令被试者取穴进针，如果取穴部位准确，则针进而水银出；如取穴有误，则针不能入。这一道具构思精巧，是中医发展史上的一项重大发明。然而，有人将其与西方解剖学相比较，认为领先西医近800年，则未免牵强附会。须知中医藏象学说依靠的是阴阳五行的解释理论，并不追求人体五脏的准确位置，针灸铜人内雕的人体脏腑器官也未有证据表明是根据解剖知识精确模拟。因此，直到晚清西方解剖学的传入，才真正纠正、丰富了中医有关脏腑器官的知识，此是后话。

宋代两个针灸铜人铸成后，一个放在翰林医官院保存，一个放在大相国寺仁济殿中。针灸铜人的制成，使经穴教学更为标准化、形象化、直观化，很快针灸铜人就成为针灸教学的模型，对于指导太医局里的学生学习针灸经络穴位非常实用。"针入汞出"的这一神奇功能，使得"天圣针灸铜人"成为北宋的国宝，周边国家也视为奇珍异宝。也许正是它的奇妙，注定了其命途多舛。公元1126年，金国举兵南下，几个月就打到了北宋都城汴京，北宋最后一位皇帝宋钦宗被迫到金营求和。金兵列出了众多的议和条件，其中有一条就是必须献出"天圣针灸铜人"。史书中没有记载北宋是否交出，但对北宋灭亡后金兵在汴梁城里查抄天圣针灸铜人达20多天，倒是留有文字记录。习惯游牧的金兵带着被俘的宋徽宗、宋钦宗两位皇帝，以及大量的金银财宝、仪仗法物、百工技艺退出汴京凯旋北归。《宋史纪事本末》简要记述了金兵掠走的有浑天仪、铜人、刻漏、古玩等情况，但"铜人"是不是"天圣针灸铜人"没有说清，而针灸铜人从此下落不明确为事实。

新铸铜人腧穴针灸图经石刻
（中国国家博物馆藏）

由于针灸铜人的便利，此后历代都有新铸。明代针灸铜人是明英宗诏命人仿北宋铜人所重新铸造的，于正统八年（1443年）制成。此外，明嘉靖年间针灸学家高武也曾铸造男、女、儿童形状的针灸铜人各一具。现故宫博物院收藏一具明代铜人，高89厘米，男童形状。

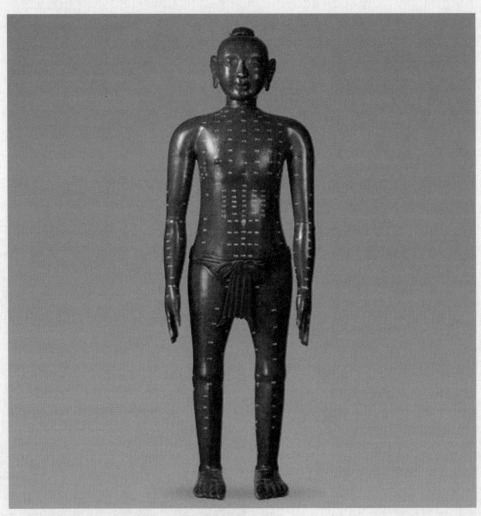

明仿宋元针灸铜人

（中国国家博物馆藏）

清代针灸铜人是乾隆七年（1742年），清政府令吴谦等人编撰《医宗金鉴》，为鼓励主编者，曾铸若干具小型针灸铜人作为奖品。现在上海中医药大学医史博物馆藏有一具，系女性形状，高46厘米、实心，表面有经络腧穴，但造型欠匀。中国历史博物馆亦藏有一具针灸铜人，高178厘米，为晚清制造。

现代仿铸针灸铜人是南京医学院和中国中医研究院医史文献研究所合作，于1978年研制的仿宋针灸铜人，现存于中国中医研究院医史文献研究所。铜人用青铜冶炼浇铸而成，胸背前后两面可以开合，打开后可见浮雕式脏腑器官，闭合后则全身浑然一体，高172.5厘米，重210千克。可以肯定的是，这尊铜人的脏腑器官在吸收西医解剖学知识以后，应该是精确的了。

33 "铜"与中药

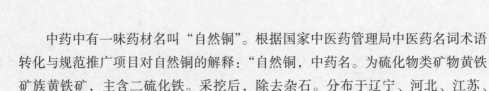

中药中有一味药材名叫"自然铜"。根据国家中医药管理局中医药名词术语转化与规范推广项目对自然铜的解释："自然铜，中药名。为硫化物类矿物黄铁矿族黄铁矿，主含二硫化铁。采挖后，除去杂石。分布于辽宁、河北、江苏、安徽、湖北、湖南、广东、四川、云南等地。具有散瘀止痛，续筋接骨的功效。用于跌打损伤，筋骨折伤，瘀肿疼痛。"

自然铜
（中国地质博物馆藏）

自然铜作为中药材，其性味辛、平；归肝经；功效是：散瘀止痛，续筋接骨；主治：跌打损伤，筋骨折伤，瘀肿疼痛。用法用量：3～9克，多入丸散服，若入煎剂宜先煎，外用适量。使用禁忌：阴虚火旺，血虚无瘀者禁服，孕妇慎用。

关于其生长环境和药材形状也有论述：黄铁矿是地壳中分布最广泛的硫化物，可见于各种岩石和矿石中，但多由火山沉积和火山热液作用形成。外生成因的黄铁矿见于沉积岩、沉积矿石和煤层中。此处形成的黄铁矿多为致密块状和结核状者。本品晶形多为立方体，集合体呈致密块状。表面呈亮淡黄色，有金属光泽；有的呈黄棕色或棕褐色，无金属光泽。具条纹，条痕绿黑色或棕红色。体重，质坚硬或稍脆，易砸碎，断面呈黄白色，有金属光泽；或棕褐色，可见银白色亮星。

医书中对于自然铜的记载颇多。《本草纲目》载：自然铜接骨之功，与铜屑同，不可诬也。但接骨之后，不可常服，即便理气活血可尔。《本经逢原》载：自然铜出铜坑中，性禀坚刚，散火止痛，功专接骨，骨接之后，即宜理气活血，庶无悍烈伤中走散真气之患。

中医药方中，常见自然铜的身影。治大风虫疮，有五色虫取下：用金星石、银星石、云母石、禹余粮石、滑石、阳起石、磁石、凝水石、蜜陀僧、自然铜、龙涎石等分。捣碎瓶盛，盐泥固济之。炭火十斤，过为末，醋糊丸小豆大。每服十五丸，白花蛇酒下，一日三服，以愈为度（载于《太平圣惠方》）。

项下气瘿：自然铜贮水瓮中，逐日饮食，皆用此水，其瘿自消。或火烧烟气，久久吸之，亦可（载于杨仁斋《直指方》）。

暑湿瘫痪，四肢不能动：自然铜(烧红，酒浸一夜)、川乌头(炮)、五灵脂、苍术(酒浸)各一两，当归二钱(酒浸)。为末，酒糊丸梧子大。每服七丸，酒下，觉四肢麻木即止（载于陆氏《积德堂方》）。

《杨氏家藏方》载：治头风疼痛至甚，用黄柏15克（厚者），自然铜15克，细辛（去叶、土）7.5克，胡椒49粒，一并研为细末。每遇头疼、头风发时，先含水一口，后用药0.5克搐鼻中，左疼左搐，右疼右搐，搐罢吐去水，口咬筷头，沥涎出为度。

需要指出的是，自然铜虽占了铜名，却与铜这种元素无关，主要元素成分是铁和硫，那么，为什么称其为"自然铜"呢？据推测，可能除了天然状态下的黄铁矿的长相泛黄或微红，与某些铜矿在外观上接近外，还与两者疗效等同有关。现代医学研究已经证实：微量元素铜对造血、结缔及骨骼等重要组织器官的生长发育有重要作用，亦为这些组织器官维持正常功能所必需。从微量元素研究成果表明，人体缺铜后会导致阴阳失调，并由此产生一系列病变。如能通过某些富含铜元素及其化合物的中药中加以补充或调整，则可使机体恢复正常状态，从而起到防治疾病的积极作用。此发现与前文《本草纲目》和《本经逢原》中的记载相印证。这么说来，自然铜在古人的意识中，也并非与铜完全无关了。

34 张衡地动仪

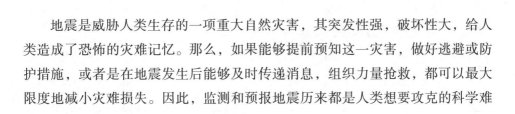

　　地震是威胁人类生存的一项重大自然灾害，其突发性强，破坏性大，给人类造成了恐怖的灾难记忆。那么，如果能够提前预知这一灾害，做好逃避或防护措施，或者是在地震发生后能够及时传递消息，组织力量抢救，都可以最大限度地减小灾难损失。因此，监测和预报地震历来都是人类想要攻克的科学难题。然而，根据中国史书记载，早在汉代，张衡就发明了可以感应地震方位的仪器——地动仪。

　　张衡所处的东汉时代，地震比较频繁。据《后汉书·五行志》记载，自和帝永元四年（公元92年）到安帝延光四年（公元125年）的三十多年间，共发生了26次大的地震。地震区有时大到几十个郡，引起地裂山崩、房屋倒塌、江河泛滥，造成了巨大的损失。张衡对地震有不少亲身体验。为了掌握全国地震动态，他经过长年研究，终于在阳嘉元年（公元132年）发明了候风地动仪——世界上第一架地动仪。

　　据《后汉书·张衡传》记载，候风地动仪"以精铜铸成，圆径八尺，形似酒樽"，上有隆起的圆盖，仪器的外表刻有篆文以及山、龟、鸟、兽等图形。仪器的内部中央有一根铜质"都柱"，由柱向旁有八条通道，称为"八道"，还有触发机关的装置。樽体外部周围有八个龙头，按东、东南、南、西南、西、西北、北、东北八个方位布列。对着龙头，八个蟾蜍蹲在地上，个个昂头张嘴，准备承接铜球。当某个地方发生地震时，樽体随之振动，触动机关，使发生地震方向的龙头张开嘴，吐出铜球，落到铜蟾蜍的嘴里，发生很大的声响。由此人们就可以知道地震发生的方向。张衡设计的仪器上雕刻的山龟鸟兽等可能象征着山峦和青龙、白虎、朱雀、玄武等二十八宿，所刻篆文可能表示八方之气；八龙在上象征阳，蟾蜍居下象征阴，构成阴阳上下的动静的辩证关系；都柱象征天柱，居于顶天立地的地位。

地动仪的设计可谓巧妙，那么它到底能不能监测到地震的发生则需要实践的检验。另据史书记载，汉顺帝阳嘉三年十一月壬寅，也就是公元134年12月13日这一天，地动仪的一个龙机突然发动，吐出了铜球，掉进了那个蟾蜍的嘴里。当时在京师洛阳的人们却丝毫没有感觉到地震的迹象，于是有人开始议论纷纷，责怪地动仪不灵验。没过几天，陇西（今甘肃省天水地区）有人快马来报，说那里前几天发生地震，请求朝廷组织救护和赈灾，于是人们开始对张衡地动仪的高超技术极为信服。陇西距洛阳有一千多里，地动仪标示无误，说明它的测震灵敏度是比较高的。

不过，史书中有关候风地动仪的记载，仅见于《后汉书》。这一段记载只有区区196字，其中描述地动仪内部结构的内容更只有"中有都柱，傍行八道，施关发机"这12个意义隐晦、众说纷纭的字。历史上更没有留下地动仪的实物资料。这些疑点让不少科技史家开始怀疑：历史上是否真的存在过地动仪，是否真如史料所载那样曾经准确监测到地震的发生。

已有科技史家对地动仪及其设计思想在中国古代的流传进行了考察，发现其实古人对地动仪功效也存质疑。他们指出，有关地动仪的所有文献信息不出

复原候风地动仪
（中国科学技术馆藏）

范晔《后汉书》所记，使之成为一条孤证。而在史学上有着"孤证难立"的原则。另外，通过对史料的梳理考证，发现汉顺帝阳嘉三年并无地震发生的历史记录，因此所谓地动仪监测到当天发生地震的说法十分可疑。也有不少人根据文献记载复原地动仪，但关于复原方法和效果同样引起许多质疑。虽然张衡地动仪不仅被写进了教科书，还有许多复原件走进了博物馆、展览馆和其他公共场所，象征着古代科技文明的发达，而实际上，关于它的争议从未间断。

目前比较可信的一种观点是，张衡在历史上的确有过制作地动仪的活动，但限于东汉的科技发展水平，该地动仪并未达到设计初衷。然而张衡的设计思想有其科学与合理的一面，他已经利用了力学上的惯性原理，仪器中设置的"都柱"，实际上起到的正是惯性摆的作用。张衡是人类历史上系统研究测震仪器的第一人，即便他制作的仪器未能成功，也并不妨碍其在科学史上的崇高地位。

35 铜 活 字

活字印刷术是中国古代"四大发明"之一，曾对世界文明进程和人类文化传播与发展产生过重大影响。活字印刷的发明是印刷史上一次伟大的技术革命，这种印刷方法，通过使用可以移动的金属或胶泥字块，来取代传统的抄写，或是无法重复使用的印刷雕版。活字印刷的方法是先制成单字的阳文反文字模，然后按照稿件把单字从字库中挑选出来，排列在字盘内，涂墨印刷，印完后再将字模拆出，留待下次排印时再次使用。这样就大大提高了成版效率，还可以反复使用，降低成本。活字有泥活字、木活字、铜活字和铅活字。咱们这里单说铜活字。

按照制作活字的材质来看，应该是从泥活字到木活字，而后才出现铜活字，最后是铅活字。与泥活字和木活字等直接雕刻的制作方法不同，铜活字的制法是先用黄杨木刻字，翻成砂模，注入铜液成字。从现存铜活字实物和存世印刷本来看，韩国竟早于中国，因此关于铜活字发明的优先权，两国学术界一直存在争议，此姑且置之不论。那么铜活字有哪些优缺点呢？铜活字的优点是比泥活字和木活字更不易磨损，经久耐用；其缺点除了上面所说的制作过程多出两道工序外，还有一个显而易见的问题是铜金属更加贵重，制作成本更高。因此用铜活字印刷的书籍，数量相对较少。

明代中期，在无锡、常州、苏州、南京等印书业较为发达的地区曾广泛应用铜活字印书。清代康熙末年内府已有铜字，印了几种天文、数学书籍。雍正初年，古代官刻首次正式采用活字印刷术用的就是铜活字，所印书籍为铜字版《钦定古今图书集成》。清初宫廷铸造了25万枚铜活字，在印成《钦定古今图书集成》后，一直被束之高阁，到了乾隆年间，又因为政府财政困难，被炼铸为铜钱了。这竟是官方第一批铜活字的下场。

铜活字模

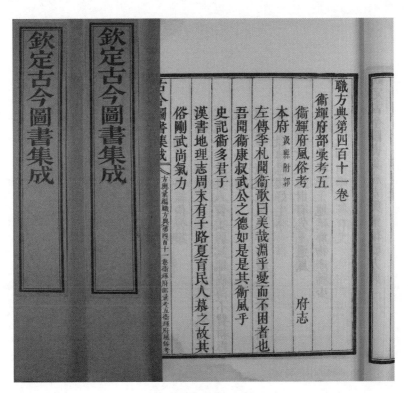

《古今图书集成》书影

为什么活字印刷术早在宋代就已经发明出来，而直到清朝，官方才正式用它印制了第一批图书呢？实际上，在活字印刷术发明之前，雕版印刷术已经发展地非常成熟，而活字印刷术发明之后，与雕版印刷术相比，在实际操作使用上，也有明显的缺点。例如，活字印刷工序繁琐，容易出错，造字多为手工雕刻，效率低下，而且难以保证统一，汉字系统又十分庞大，且是象形文字，制作工程繁复，等等。相比之下，反倒是传统的雕版印刷更为实用，而在实际上，雕版印刷也一直是主流，多数著作都依然使用雕版印刷出版。正因为如此，官方也不甚重视活字印刷，而清宫御制的铜活字竟难免遭受化铜铸钱的命运。

　　从1048年前后北宋毕昇发明活字印刷术，1314年左右元代山东人王祯创造出木活字印刷术，到了1488年明代无锡人华燧才使用铜活字印刷术，再到1839年西方铅字印刷传入，中国的活字印刷技术经历了整整六七个世纪的发展。虽然在活字的材料、制作工艺等方面不断改进，但从未取代雕版印刷术的地位。

36　古代的"浸铁为铜"之法

　　宋代一本笔记小说《清波杂志》中曾记载这样一条信息：信州铅山有胆水从山上流注下来，像瀑布一样气势宏伟，人们依靠它来"浸铜铸冶"。胆水的干涸或满溢，受旱涝因素决定。大体上春夏之季盛涨，秋冬时节微弱。相传古时候有一人行至水边，不小心将铁钥匙遗落在浅水处，第二天再去找时，发现已经变成铜钥匙了。近年来，铅山胆水的水流断断续续，再用它来"浸铜"便颇为费力了。那些古坑中，有水的就称胆水，没有水的就叫胆土。用胆水"浸铜"，省工省时，利润还多；用胆土熬铜，费工费时，利润微薄。

　　这条笔记中记述的是古代常用的炼铜方法之一：利用铁对铜的置换原理，将铜化合物溶液中的铜置换出来，即所谓"浸铜"。这种炼铜方法在古代称为"胆水炼铜"，曾盛行于两宋时期，风靡一时，相较于前代传统炼铜技术而言，这是宋代新出现的一种炼铜技术。

　　从历史记载来看，对铁能变成铜的金属现象，古人很早就有所认识。如西汉淮南王刘安所著《淮南万毕术》中就有记载："白青，得铁即化为铜"。白青，又叫扁青、碧青、石青、大青，主要成分是蓝铜矿。很明显，这是对铁铜置换现象的记录。又如，东汉《神农本草经·玉石部上品》中记载："空青……能化铜铁铅锡作金。"空青，别名青油羽、杨梅青，主要化学成分也是蓝铜矿。可见，在两汉时期，人们已经认识到将一些铜化合物与铁放置在一起，铁会变成铜的颜色，但是对于这种变化的实质并不清楚。

　　两汉之后，中国炼丹术已渐成燎原之势，炼丹师们对某些矿物具有化铁为铜的神奇现象进行了进一步的探索。从晋代的葛洪，到南朝的陶弘景，都给出了自己的解释，但似乎也并没有弄清楚铜铁置换的原理。唐代，道教兴盛，炼丹之风大行，人们对铁化铜又有新的探索，但唐代的炼丹家并没有发现天然胆水。

到了宋代，人们发现了大量的天然胆水。文初的记载也广泛见于其他书籍，如宋太宗时期成书的《太平寰宇记》记载："信州铅山县有胆泉，出观音石，可浸铁为铜"。北宋著名科学家沈括在《梦溪笔谈》中也有记载："信州铅山县有苦泉，流以为涧，挹其水熬之则成胆矾，烹胆矾则成铜，熬胆矾铁釜久之亦化为铜。水能为铜，物之变化固不可测。按《黄帝素问》：有天五行、地五行，土之气在天为湿，土能生金石，湿亦能生金石，此其验也。"可惜的是，沈括认为铜是水变成的，仍然没能搞清楚这一过程中铜与铁的关系。

古代湿法炼铜示意图——将铁块抛进胆水

尽管如此，人们凭借经验已明确"浸铁为铜之法"可以利国。宋人张潜经过反复试验摸索，将炼铜经验著成《浸铜要略》，并将其献于朝廷。他总结的方法很快被推广到其他地方，不仅信手的铅山，还有饶之兴利、韶之涔水、潭之永兴，都广泛使用浸铁为铜之法。到了宋徽宗时期，全国浸铜场多达11处。胆水炼铜在宋代地位十分重要，乾道年间（1165~1173年），胆铜产量已经占到当时南宋铜产量的81%，可想而知胆水炼铜对南宋经济的重要意义了。

37 铜草花

利用现代技术手段寻找铜矿的方法有很多，概括起来有物理方法和化学方法，每种方法又有许多不同的技术手段可供选择；还可以用钻机直接钻探深地层，将岩芯取出，分析铜元素含量。现代计算机成像技术的应用，更能将地下埋藏情况一清二楚地反映上来，好比《封神榜》里的土行孙钻到地下观察一样清晰。然而，这些方法都比较费钱，操作也复杂，需要随身携带检测工具。近代以来，人们发现有些植物常常出现在铜矿产出地，便学会利用喜铜植物作为寻找铜矿的指示。俗名称作"铜草花"，学名叫"海州香薷"的植物，便是喜铜植物的一种。

早在新中国成立之前，日本地质学家筱田在华考察时，在湖北大冶，阳新矿区就曾发现海州香薷，但他没有进一步研究这种植物与铜矿产地之间的关系。

1951年秋季，年轻的地质学家谢学锦和徐邦樑在安庆西北月山区域做地球化学勘探工作时，首先在犁头尖地区发现一种开紫红色花的小草，盛长在这个区域的废铜矿堆上，而在废堆上其他草木都很少生长。这种奇异的现象引起了他们的注意。随后，他们又观察了月山区域的十几个废矿堆和矿渣堆，都遍生这种野草。他们又发现几处既没有废堆，也没有铜矿露头的地方，这种草生长得很茂盛，经过对这些地区的土壤分析，发现含铜量都极高。整个月山区域，除了一个例外地区，这种野草总是生长在含铜量极高的土壤中，而在其他含铜量低的土壤中，未曾发现一株。

他们将植物采样后带回，经中国科学院植物研究所南京工作站裴鉴教授鉴定，是海州香薷，是香薷属植物中的一种。香薷属植物的分布，以亚洲的北温带为最多，其余各洲也有，但数量很少。在中国，这一属植物共有二十多种，分布地区以云南、贵州、四川、西康为多，江苏、浙江、湖北、甘肃、山西、陕西、河北次之，安徽、广东、广西、湖南、江西、河南、吉林也有，多生长在山坡上，平地较少。

那么，海州香薷究竟是什么样的呢？海州香薷比较突出的特点是秋季茎顶一侧开花，花穗如牙刷，所以又名"九月蒿""牙刷草"，为一年生草本，茎基部木质化，多分枝，略呈方形，带暗紫红色，密被白色的短柔毛；叶对生，呈线状披针形，长1.5～3厘米，宽2～5毫米，叶边有锯齿，两面和边缘均有白色短柔毛，背面具有下凹的腺点，叶柄细短。深秋，枝梢一侧开花，呈假穗状花序，长3～5厘米，苞中卵圆状三角形，先端尖，边缘有白色长缘毛小花，花冠紫红色，二唇形，上唇直立，顶端微凹，下唇三裂，中裂片最大，圆形，雄蕊4个，伸出花冠外，花柱丝状，亦伸出于花冠，但较雄蕊稍短，先端二裂。

海州香薷

谢学锦和徐邦樑对这种小紫花进行了深入研究，总结出海州香薷在安庆月山地区的生长分布特征，又通过实验分析出其植物内的铜分，对其根、茎、叶、花四个部分的铜含量都作了定量分析，判断它是铜分聚集植物。一般植物在含铜量如此高的土壤里是无法存活的，唯有海州香薷愈发生长茂盛。他们还分析了湖北大冶阳新地区、江宁铜井地区和铜陵铜官山地区海州香薷的分布，更加坚信此种植物与铜矿产地的紧密关系，可以将它作为寻找铜矿的指示信息。

　　他们将这一发现写成论文发表，引起了全国同行的重视，迅速在找矿实践中应用和推广，为20世纪50年代铜矿勘查立下了汗马功劳。它首先应用于安徽目山、铜官山地区的找矿工作，又推广到江苏江宁铜井、湖北大冶、阳新铜矿。其后，长江中下游许多铜矿区，也都利用海州香薷作为找矿标志。地质队员或老百姓，见到海州香薷就知道地下有铜矿，于是这种植物又有一个生动的名字："铜草"，英文名就直译为"copper flower"。

　　目前世界上已发现的铜矿指示植物有30多种之多。国内报道的有酸模、红草、鸭趾草、蝇子草、铜钱白株树、宽叶香薷等。在国外可作铜矿指示植物的有女娄菜、螺旋白鼓钉等。但以上这些植物，都不如铜草应用地有效而广泛。铜草形色艳丽，易于识别，更重要的是，不需要复杂的测量和分析，就能简单判断，因此在地植物测量中，它是出类拔萃的找矿草。

37
铜
草
花

38 铜矿勘查功勋队

——321地质队

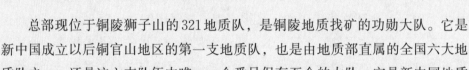

　　总部现位于铜陵狮子山的321地质队，是铜陵地质找矿的功勋大队。它是新中国成立以后铜官山地区的第一支地质队，也是由地质部直属的全国六大地质队之一，还是这六支队伍中唯一一个番号保存至今的大队。它是新中国地质队的一个活标本，几乎见证了新中国地质找矿工作的全部历史。

　　新中国成立后，百废待兴。要进行大规模的工农业建设，就离不开矿产资源。中央地质工作部门决定，将当时已知的重点矿山列入优先勘探和开发的行列，保证那些工业必需原料的供应。地质部在全国范围内选了六个重点矿产地，并建立六个地质队分别勘探。这六支大队分别是：河北庞家堡221队（铁矿）、内蒙古包头241队（铁矿）、安徽铜官山321队（铜矿）、湖北大冶429队（铁矿）、甘肃白银厂641队（铜矿）、陕西渭北642队（煤矿）。铜陵铜官山铜矿因独特的资源条件和区位优势被作为勘探重点。

　　铜官山铜矿所在的铜陵，西滨长江，东连南陵、繁昌，南接池州、青阳，西北隔江与枞阳、无为相望，交通便利，黄金水道上达安庆、武汉，下抵芜湖、南京，有着优越的地理区位。同时，铜陵除铜矿外，还有着其他丰富的矿产资源，矿种繁多，储量丰富，开采条件好。已知有铜、铁、硫、金、石灰岩和煤矿，与之结伴而生的有钴、金等多种金属和元素，此外还有铅、锌、锰、膨润土、珍珠岩、石英石、大理石、玛瑙等等，可谓"铜陵虽小，八宝俱全"。要开发长江中下游工业走廊，铜陵是不可或缺的支撑点。因此，321队在1952年成立后，首要任务就是将铜官山铜矿勘探清楚，以便尽快开采。

　　为了保障铜官山铜矿的勘探工作，地质部当时给321队配置了强大的人才团队。虽然根据资料显示，在1949年，全国能够从事地质工作的人才总数不过300多人，但仅321队就聚集了相当一部分地质骨干力量。321队的第一任技术队长是郭文魁，他毕业于北京大学，有着丰富的矿产勘查经验，曾留学美国，地质理论知识广博扎实。以他为中心，地质队凝聚了郭宗山、沈永和、段承敬、李锡之、陈庆宣、杨庆如、董南庭、刘广志等一批同样兼具实践经验和理论知识的地质骨干。不仅如此，地质部还将北京大学地质系毕业的冯钟燕、马志恒，清华大学地质系毕业的常印佛、朱康年等优秀青年分配到队上。

321地质队野外考察留影

在郭文魁的带领下，321地质队形成了重视研究的风气，也成为地质人才成长的摇篮。在321队流传着六个山头五个院士的佳话。最初铜官山开展勘探工作的有六个山头，分别由队上六位技术队员负责，郭文魁自己负责一个，董南庭、段承敬、杨庆如、沈永和、李锡之分别负责其他五个。后来，这六位技术负责人都至少是省级地质局的总工程师或副总工程师。在321地质队工作过的队员中，有五人被评为中国科学院或工程院院士，郭文魁和陈庆宣是科学院院士，赵文津与刘广志是工程院院士，常印佛既是科学院院士，又是工程院院士。这在六大国家重点地质队中，是绝无仅有的。

321队很快完成了铜官山铜矿的勘探工作，提交了详细的勘探报告，为矿山开采提供了准确的地下资料。321队勘查的矿种也曾扩大到对铁矿、煤矿以及稀有金属矿床的寻找，但主要工作是以勘查铜矿为主，主要成绩也是系列铜矿床的发现与勘探。在之后几十年的找矿历程中，又先后发现并勘探了狮子山铜矿、凤凰山铜矿和冬瓜山铜矿等多个大中型铜矿床，可谓战功累累。

在丰富的找矿实践的基础上，321队技术人员深入研究，总结了铜陵地区的矿床成矿类型与特征，分析成矿原因，探索区域成矿规律，提出了"层控矽卡岩型矿床"的新概念，丰富了我国矿床学知识。这些又反过来进一步指导了矿产勘查工作，使铜陵地区的找矿与科研相互促进，相得益彰。直到今天，铜陵地区仍是我国矿产勘查科研与实践的重要地区。

321地质队不仅很好地完成了矿产勘查的任务，还培养了一批杰出的地质人才，做出了科学研究的新发现，集生产科研与人才培养于一身，是新中国地质队中成绩最为突出的一个，是铜陵人民的骄傲。

39　住在多层楼上的矿床

地下的铜矿是怎么分布的？我们没有火眼金睛，无法直接窥视其中的奥秘。但根据理论分析和钻探验证，以及事后的开采经验，却可以勾勒出一个个矿床的大致形状和埋藏位置。它们在地下有的像散落的豆子，有的像烧饼，有的像油条，有的像冬瓜，形状各异。本篇要介绍的，则是像住在不同楼层上的娃娃一样的铜陵地区铜矿的分布。

在整个长江中下游地区，石炭纪地层里还有丰富的矿种，包括硫铁矿、含铜硫铁矿、铁矿、铅锌矿等等，因此石炭系成为该区找矿的重要目标对象。铜陵是长江中下游一处重要的矿产区。在该区内，位于西边的铜官山铜矿和东边的新桥铜矿都产生在石炭系。而位于两者之间的狮子山铜矿，则处在相对更浅的三叠纪、二叠纪层位上。该区的构造形态是，从新桥到铜官山是一个大向斜，在中间的狮子山处，地壳受挤压隆起，形成小的背斜，整体构造呈"W"形。对于这种构造，321队当时的总工程师常印佛很早就萌生了一个念头，认为狮子山下部也可能有石炭纪地层的矿，狮子山矿床呈现多层模式，因隆起的缘故，存在许多层间剥离空隙，有着绝好的成矿条件。后来，经钻探，果然在狮子山深部的二叠系又发现一层铜矿，即老鸦岭铜矿。这更加坚定了他对于石炭系含矿的信念。

20世纪六七十年代，常印佛建议321队继续在狮子山矿区向深部钻探，寻找石炭纪地层中的铜矿。经过不懈努力，终于在地下880米深处发现了新的铜矿体，厚度达到50米，这就是冬瓜山大型铜矿。单从狮子山铜矿区就可以看出，自下而上的石炭系、二叠系、三叠系中，分别住着冬瓜山铜矿、老鸦岭铜矿、狮子山铜矿。

实际上，铜陵全区的矿床分布也呈现这种多层楼居住的模式。最底下的一层楼上，住着铜官山铜矿、冬瓜山铜矿和新桥铜矿。它们是老大哥，子孙多，占房大，铜矿体主要赋存在中石炭纪时沉积生成的石灰岩中，储量大。住在二楼的有狮子山矿田花树坡矿床，在老鸦岭铜矿和冬瓜山矿床之间，铜矿体主要赋存于古生代二叠系栖霞组石灰岩中。三楼里住着狮子山矿田的老鸦岭矿床，赋存在古生代二叠系硅质页岩与石灰岩中。四楼住着大团山矿床，矿体赋存在中生代下三叠系殷坑组岩层中。五层楼的主人则是西狮子山矿床，凤凰山矿田中的铁山头、万迎山矿床，矿体赋存在中生代下三叠系塔山组和龙山组中。六层楼里则有狮子山矿田胡村矿床，凤凰山矿田药园山矿床，矿体赋存在中生代下三叠系南陵湖组青灰、紫红色中厚层石灰岩中。

这还只是大致的划分，如果细分，则有七层、八层，甚至更多。而且，这个楼层随着勘探的深入，也是上不封顶、下不到底的，一定会有更多的"房客"加入这栋楼来。

40 从铜矿到铜金属

铜金属广泛应用于当今经济生活的各个领域，那么，从深埋在地下不知何处的铜矿床，到等待再加工的铜金属原料，需要经历哪些过程呢？

首先是初步普查，即根据国家的要求和已有的地质资料，在认为可能找到预期矿产的地区内进行矿产普查工作。这一阶段的普查工作，一般用较小比例尺的地质填图及其他找矿方法在较大地区范围内进行，其主要任务是初步查明工作地区内的地质构造和矿产生成的条件，并对发现的矿点和其他显示矿产存在的线索进行初步检查，做出初步评价，进而圈出最有矿产远景的地段，为进一步的矿产普查工作提供资料依据。

经过初步普查后，可以判断哪些地区最具备成矿远景，继而在这些地区开展更为详细的普查活动。这一阶段的普查，是用较大比例尺的地质填图及其他方法，如物理探矿、化学探矿手段，在较小范围内进行。详细普查的主要任务是比较详细地查明工作地区的地质构造和矿产特征，对已知和新发现的矿点进行比较详细的研究，确定哪些地方值得做更深一层的勘察，并为进一步的矿床勘探工作指出方向和提供地质与经济技术等方面的资料。

以上初步普查和详细普查都是为了尽可能降低勘探的风险，否则当大量人力物力投入到一个没有把握的矿产地后，得到的却是没有开采价值的矿床，就会造成极大的浪费。所谓矿床勘探，就是利用各种有效的技术手段和方法查明矿床的工业价值及地质、经济技术条件，所做的所有工作，目的是对矿床进行工业评价，为矿山建设设计提供准确翔实的地质资料。勘探一座矿床，需要查明这座矿床的大小形状、分布范围、埋藏深度、矿床类型、矿石品位、是否有伴生矿种、金属藏量、矿石开采条件和加工条件等等信息。最后形成的是一份全面的矿床勘探报告。

勘探报告需要主管部门组织专家审批通过方可使用。如果勘探报告表明这是一座有工业价值的矿床，那么矿山开采设计部门就会根据勘探报告提供的信息，设计出开采方案。哪里布置人员和机器通道、哪里安放开采机器、哪里将矿石运出、哪里留作通风和排水等一系列问题都要在这一环节解决。

设计报告提出后，当然也要经过审批，审批通过后，矿山开采部门就可以根据设计报告开展地下工程，然后由采矿工人下到矿井中实施采矿作业。矿石通过井下轨道运输到地面后，再由重型卡车或地面轨道运输到加工厂所在地。

然而，这样直接开采出来的铜矿并不能直接送入冶炼厂冶炼，而是要经过选矿的环节。选矿是根据矿石中不同矿物的物理、化学性质，把矿石破碎磨细以后，采用重选法、浮选法、磁选法、电选法等，将有用矿物与脉石矿物分开，并使各种共生（伴生）的有用矿物尽可能相互分离，除去或降低有害杂质，以获得冶炼或其他工业所需原料的过程。选矿能够使矿物中的有用组分富集，降低冶炼或其他加工过程中燃料、运输的消耗，使低品位的矿石能得到经济利用。

冬瓜山铜矿采选基地

经过精选的铜矿，铜的含量更纯更高，就可以送入冶炼厂了。根据铜矿石的不同属性，冶炼方法也会有所不同，有焙烧、熔炼、电解以及使用化学药剂等方法，其目的就是将铜金属从铜矿中析离出来。冶炼技术不断进步，使低品位的铜矿石也具备了工业开采的价值，使诸多伴生矿种有了利用的可能性，是生产过程中最重要的环节之一。

　　总结起来，在茫茫山野中，我们不知道哪儿有铜矿，为了避免勘探的盲目性，就需要先进行普查，确定最有前景的矿产地，再进行详细工作，缩小范围，找到铜矿床所在地；而后对此矿床进行勘探，提交勘探报告；矿山生产部门依据勘探报告进行设计和开采；矿石开采上来后，进入选矿和冶炼环节，最终呈现在我们面前的，才是一块块铜板或铜锭。这一过程，一般要长达数年甚至数十年的工夫。因此，也可以看出，地质勘探工作是一项长期的基础性的工作，需要持续不断地投入人、财、物，才能保证金属的供应。

41 新中国第一块铜锭

铜是许多重工业建设的基础性原材料，在新中国成立后受到高度重视。那么，新中国第一炉铜水在哪里诞生？第一块铜锭产自哪里？答案是同一个地方：安徽省铜陵市。

在新中国成立之初，铜陵这一古老的采铜与冶铜基地就受到政府的重视。不仅地质队员来到了这里，炼铜厂也开始兴建。铜官山是当时已知的铜矿，建设冶炼厂前的准备工作陆续开展。1950年7月19日，矿山至江边铁路正式试车；8月24日，10千伏安蒸汽发电机正式发电。1951年12月，铜官山冶炼厂在长江边的凤凰岭正式动工，这是一座设计年产2000吨粗铜的冶炼厂。冶炼厂于1952年国庆节后基本建成，随后进入调试阶段。那边厢，采矿设施早已建设完毕，1952年6月，铜官山采矿场建成投产，62米平窿出矿；同时，日处理矿量400吨的选矿厂投入生产，为冶炼准备了源源不断的原料。

1953年4月30日，为了迎接即将到来的国际劳动节，炼铜大战拉开序幕。只见铜官山冶炼厂一派热火朝天的景象，一条鲜红的横幅高挂在转炉厂房上，横幅上写着"让第一炉铜水在'五一'节放纵奔流"。露天料场上，堆放着一堆堆铜精砂、石灰、焦炭、石英石等，工人们用箩筐将炼铜物料抬到平台上，放入烧结机点火炉焙烧。没有拌料机就用铁锹拌，粉尘四处弥漫，工人们被二氧化硫烟气熏呛得涕泪满面。刚戴的白口罩，一会儿就变成了黑的，一个不行就戴两个，两个不行干脆就用湿毛巾捂住鼻子和嘴巴。因为鼓风炉没有吸烟尘罩，没有降温设备，一加料便是烟尘冲天，近在咫尺却不见人面。炉温升上来，工人们热得架不住，就跳进小水池，浸透身子继续工作。通红的烧结块刚烧好，工人们就用铁耙子把它扒进铁簸箕，送进元宝车，推往熔炉。至此，烧结——炼铜的第一道工序算是完成了。

接着就是熔炼冰铜了。熊熊的炉火将烧结块熔化成液态，冰铜液通过咽喉口流进熔炉下方前床的大沉淀池里。铜渣在前床中沉淀分离，冰铜液不断上涨，液态的炉渣如同橘黄色绸带，飘过前床渣口，经高压水击变成黑沙。硫化铜则沉到下面，冰铜液经过道槽流进钢包。等钢包装满后，行车吊起钢包送到下一道工序，进行转炉吹炼。

这时已是深夜，5月1日临近了，转炉开始进料。鼓风机的强劲气流使炉口直喷火花，工人们向炉中添加石英石，炉内的火焰霎时变成暗红色，鼓风机喘着粗气，炉子回风了。工厂领导和苏联专家闻讯赶来，果断下令捅风眼。不巧的是，捅风眼的扦子拔不出来了。关键时刻，工人师傅们抢起铁锤猛地砸去，终于将险情排除，炉温又上来了，火焰又变回了蓝白色。造渣、排渣这一关终于闯过去了。

接下来就要进入脱硫、造铜的环节。此时炉温已高达1200 ℃，转炉内发出咕噜咕噜的声音，炉口的火焰左右摇摆，排烟道渐渐清晰起来。陡然间，火焰下跌，收紧炉口，形成火苗，几颗铜花进出炉口，发出闪亮的光。清晨7时，一股殷红的铜水像柔软的绸缎，缓缓地顺着低槽流到地模里，冷却后，形成了一块块金光闪闪的铜锭。新中国第一炉铜水和第一块铜锭，伴随着初升的红日，在铜官山冶炼厂诞生了。鏖战一整夜的工人们以及早早来此守候的人们顿时欢呼雀跃。

铜官山冶炼厂冶炼出的第一炉铜水

新中国出炉的第一炉铜水，虽然重不足4吨，但在新中国铜冶炼史上的分量却举足轻重：它代表一个集采、选、冶为一体的新中国第一个铜工业基地雏形的出现，而新中国的炼铜史也借此揭开了撼人心魄的第一页。

42 铜产业链与产业集群

我国铜行业主要包括铜矿采选行业、铜冶炼行业和铜加工制造业，其中铜矿采选是铜行业发展的起点。三者扮演了铜产业链上游、中游和下游的角色。在铜产业链中，前一个生产环节的产品是后一个生产环节的原料，环环相扣，联系紧密。与铜产业链相关的，是铜产业集群。如果说铜产业链是单纯的纵向关系的话，那么铜产业集群则要复杂得多，它既有纵向的传递，又有横向的关联，围绕铜的开采、生产加工和消费，形成庞大的有机产业群体。它可能横跨数十个行业，涉及上百家公司，在地方经济中具有举足轻重的地位。铜产业链的关系，可以大致用下图反映出来。

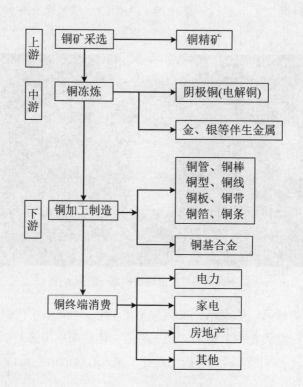

就上游铜矿采选行业而言，目前，我国铜精矿自给率不足25％，只能依靠大量进口铜矿来弥补国内的需求缺口。针对国内铜矿资源短缺的现状，国家推行"开发利用与资源节约并举，把资源节约放在首位，加强地质勘查，提高资源利用率"的矿产资源可持续发展战略，实现铜矿产资源的集约开发和综合利用。同时，我国借鉴发达国家实施海外资源战略的成功经验，加大了对海外投资矿产的支持力度。

就下游铜加工行业而言，目前，我国已成为世界上最大的铜加工材制造中心，并且生产技术和生产规模均已达到世界先进水平，铜材加工产量、消费量均位居世界第一位，已成为世界上重要的铜材生产、消费和国际贸易大国。

以铜为主的上下游之间固然可以形成供应与消费的集群关系，而由铜的横向加工与应用形成的产业集群，则辐射更广，影响到更多的科技和经济领域。下图以某市铜加工产业集群为案例绘制的关系图，则能够反映这一情况。

某市铜及铜加工产业集群发展图

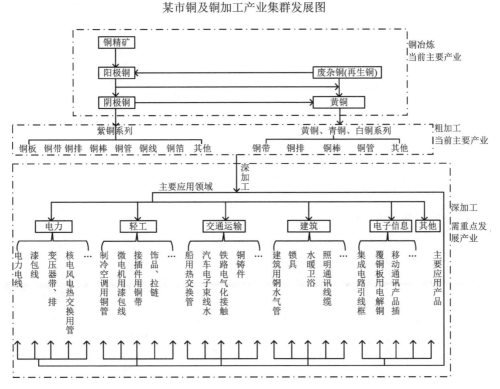

某市铜加工产业集群示意图

可见，在铜的产业链下游，也就是铜深加工阶段，存在极为庞大的产业集群，包括电力、轻工、建筑、交通运输、电子信息等领域。以这些领域为基础的工业集群，内部相互依赖和支撑，对外则能形成整体竞争优势。因此，许多城市都重视这种集群式的发展模式。铜陵市则依靠铜为中心，依托三十多家铜企业，带动相关产业的发展，打造"千百亿"工程(即建成千亿元铜产业，百亿元装备制造、化工及能源等产业)，取得了突出的发展效果，这都是得益于集群式发展模式。在这一发展战略下，实现产业结构调整，产业升级，技术集成创新，乃至资源型城市的持久发展和顺利转型，前景都十分乐观。

43　武当山金殿

　　湖北武当山直插云霄的最高峰——天柱峰绝顶上，建有大岳太和宫，道士真人、香客游人，游历武当者，至此方才算真正到了武当山。站在太和宫再抬头仰望，可望见正顶峰位置上坐落着一座红墙围绕的紫金城，城内中央位置，便是金殿所在。太和宫和金殿都建成于明永乐十四年，由于金殿位于太和宫上方，原为正殿的太和宫就有所降格，又称"朝圣殿"。明朝的一段时间里，访仙问道者朝拜玄武大帝只能止步太和宫，想上金顶是绝对不允许的，高高在上的金殿他们只能从远处望上一眼。

　　金殿是一座铜铸鎏金宫殿，正殿面积13.7平方米，高5.54米，重达数百吨，是中国现存最大的铜铸鎏金大殿，被列为国家一级重点保护文物。当年建筑金殿的全部构件是在北京铸成后，由运河经南京溯长江水运至武当山，在天柱峰顶仿照木构建筑拼装榫铆而成的。当年金殿是神仙居所，被披上神秘的面纱，也有许多奇怪现象长期困扰着世人，被称为"金顶之谜"。在这些谜团中，有三个与金顶的铜质材料相关。

　　谜团之一是"雷火炼殿"。以前当雷暴雨来临时，金殿四周便出现一个个洗脸盆一样大的火球上下跳窜，来回翻滚，耀眼夺目，遇物碰撞即发生天崩地裂的巨响。有时雷电划破长空，如利剑直劈金殿，刹那间，武当山金顶金光万道，直射九霄，远在数十里外都能看到武当峰巅之上红光冲天，其景如同火山喷发，惊心动魄，神奇壮观。更令人称奇地是，任凭电闪雷鸣、震天裂地，金殿却丝毫未损。雨过天晴后，金殿经过雷阵雨洗，在阳光的照耀下倍加辉煌。于是，"雷火炼殿"就成了武当山金顶的最大奇观。民国初年，在金殿后立父母殿，左右新建签房和印房。这三幢建筑物粗俗简陋，把金殿三面包围，使金殿黯然失色。此后，金顶上屡遭雷击，说来也稀奇，雷击的是这三座建筑物，而金殿却岿然不动，于是人们说这是真武君打扫门前，不要它们碍手碍脚。新中

武当山金殿

国成立后，政府为了让金顶免遭雷击，于1958年在金顶上安装了避雷针。想不到，这样一来更糟糕，不仅雷击次数增多，损坏了父母殿，甚至连金殿本身的"须弥座"也多次被损坏，并且"雷火炼殿"的奇观也因之而完全消失。科学避雷却遭雷击，这也是一个令人费解的谜。

谜团之二是"祖师出汗"。每当大雨来临前，殿内神像上水珠淋漓，如人汗流浃背。

谜团之三是"海马吐雾"。在金殿的房脊上，装饰着很多铜铸鎏金的龙、凤、马、鱼、狮等珍禽异兽，它们金光闪闪，栩栩如生。其中有一只金马全身发黑，道教称之为"海马"。据说每到夏季，它经常口吐雾气，飘向碧空，化为紫霞，同时还会对天空发出"咴咴"的长啸声，被喻为"海马吐雾"。

是不是很神奇？竟然有这么多的奇观和未解之谜。为了揭开永乐后500年间的金顶奇观和近70年屡遭雷击之谜，有关科学工作者进行了反复地调查研究，终于找到了答案。

这座金殿的各构件结合十分严密，殿内密不透风，在铸造时已为各种铸件留有热胀冷缩的系数，使之严丝合缝，又留有余地。当空气中水分增多，气压突变时，神像上便出现了一层水珠，犹如出汗；而殿脊上的海马内部是空的，与金殿相通，严密的殿内的温热空气上升从"海马"口中"吐出"并发出声响，水气遇冷而成雾状。原来金顶上只有一座金殿，金殿与天柱峰合为一体，是一个良好的放电通道，它又巧妙地运用曲率不大的殿脊与脊饰物（龙、凤、马、鱼、狮），成就了炼殿奇观而又不被雷击。但后增添的建筑物破坏了金殿放电系统，而这些建筑物和设施又建立在易导电的地质裂隙上，并非真武帝神意而招来的灾祸。

44 昆明太和宫金殿

太和宫金殿又名铜瓦寺，属于太和宫的一部分，此宫位于昆明市区东北郊7公里处的鸣凤山麓，坐东向西，是云南著名的道观。

如今的太和宫金殿建成之前，原址上曾经有过一座铜殿。第一座殿建造于明朝万历三十年（1602年）。当时因云南东川等地产铜，每年都要按规定数量外运，从四川转水路运至湖北的城陵矶铸钱。后因战火兵燹无法将铜运进中原，鸣凤山道观的道长徐正元，便呈请巡抚陈用宾仿照湖北武当山七十二峰的中峰太和宫金殿，冶铜铸成殿宇，供奉"北极玄天真武大帝"，周围建砖墙保护，有城楼、宫门等建筑，取名为"太和宫"。

明崇祯十年（1637年），云南巡抚张凤翮把金殿移至大理宾川鸡足山天柱峰。张凤翮之所以要迁走金殿，是因为统治云南的沐氏作恶多端，屡被朝廷惩治，家运日衰，但他不从自身找原因，而从迷信中寻求解脱。认为鸣凤山在城东，山上立有金殿，"铜乃西方之属，能克木"，故由巡抚张凤翮出面将铜殿拆运至鸡足山。

清康熙十年（1671年），镇守云南的最高长官吴三桂在鸣凤山上重建真武铜殿。吴三桂为使自己留名于世，铸殿时就在正梁上镌刻有"大清康熙十年岁次辛亥大吕月（十月）十有六日之吉平西亲上吴三桂敬筑"楷体字一行。

由于名称相同，形式相近，人们常将昆明太和宫金殿与武当山金殿混为一谈，实际上他们相隔千里。云南鸣凤山在明代被誉为"鹦鹉春深"，清代称"鸣凤胜境"。一进山门，便见一座斗拱飞檐，气魄宏伟的棂星门矗立于前。灵星指天镇星，历代尊孔子为灵星，凡学宫孔庙前均立棂星门，系取得士之意。门两侧塑青狮白象，在佛教中有"青狮献瑞，白象呈祥"的传说。这些景物布局体现了明清时云南盛行佛、道、儒三教合一的特点。再向前行，途径"第一天门""二天门"和"三天门"。攀上天门，即可见古朴庄重的"太和宫"大门。

昆明太和宫

联云："画栋连云，只占青山三亩地；朱楼映日，别开绿野一重天"。入寺门，再过棂星门，可见巍然屹立的砖城，其长约数十丈，略似皇家紫禁城。沿阶进"城"，迎面高高的台阶上，便是太和宫的中心建筑——著名的金殿。

　　因系用黄铜铸成，在阳光照耀下，光芒四射，映照得翠谷幽林金光灿烂，故名金殿。这座名声显赫的金殿属于太和宫的一部分，总重量达200多吨，为重檐飞阁仿木结构方形建筑，殿高6.7米，宽、深各6.2米，所有梁柱、斗拱、门窗、瓦顶、供桌、神像、帏幔、匾额、楹联乃至台基左右侍亭以及旗杆、七星旗等，仿木构件全部用铜铸成或锻成。殿身立圆柱十六根，四角柱上端有旋转八卦铜球，风檐上的铃铎，屋脊上的人、马、鱼和其他飞禽走兽，无一不充分反映了300多年前我国冶金浇铸工艺的精湛水平。整个建筑雕刻细腻，比例匀称，造型美观，且极其精细逼真地模仿了重檐歇山式木构古典建筑。殿基边沿环绕大理石雕凭栏，台阶、御路、地坪皆用大理石砌成；殿前还有明代所植紫薇二株、茶花一树。

昆明太和宫金殿

　　金殿经历了数百年的风风雨雨，已存斑驳古朴之态，但比北京颐和园万寿山的金殿保存完整，也比武当山金殿规模大，是我国现存最大最完整的纯铜铸殿，其为研究云南省明清以来的冶金铸造技术和云南清代木结构建筑的造型及装饰，提供了重要的实物资料。

45　颐和园万寿山铜亭

游览颐和园的游客从检票口进入后，参观完古色古香的屋宇楼台、穿过林木花丛来到湖边，视界豁然开阔，远眺万寿山佛香阁，一片建筑群沿山布局，成建瓴之势，俯瞰全湖。佛香阁西侧的山坡上，有一座用铜铸成的建筑，人称宝云阁。宝云阁通高7.55米，重达数十吨。在建筑结构上，铜亭完全仿照木建筑结构，重檐歇山顶，梁、柱、枋、脊、椽、斗拱、门窗一应俱全，通体呈蟹青冷古铜色，坐落在一个汉白玉雕砌的须弥座上。檐角的铜铃随风摆动，不时传来悦耳的叮咚声。

宝云阁建于清乾隆二十年（1755年），铜阁建成后，乾隆皇帝在阁前的牌坊上，书写了"侧峰横岭圣来参"的诗句。自此后的清朝统治时期，西藏喇嘛到达北京，常来这里念经祈祷，举行参拜仪式。阁后石壁上高约10米的周边莲框，就是诵经时悬挂佛像用的。石壁上方的高阁叫作五方阁。五方是佛家语"无方色"。按照佛教密宗的说法："东方青、南方赤、西方白、北方黑、中央黄"。

宝云阁实际上与我们前面介绍过的太和宫金殿一样，本应称铜殿或金殿，但人们习惯称为"铜亭"，这是为什么呢？与它在近代两次惨遭劫难的经历有关。第一次灾难发生在1860年，英法联军入侵，纵火烧毁圆明园和清漪园（即现在的颐和园，系1888年慈禧借光绪之名颁布上谕更改园名），因宝云阁全由铜铸，无法烧毁，所以才得以幸存。第二次灾难发生在1900年，八国联军入侵北京，虽然没有放火烧园，但是却洗劫了颐和园，也将宝云阁里的铜铸佛像和物品以及铜制门窗抢掠一空，后来因为没有门窗，在过去很长一段时间内，铜殿看上去就像一座四面透风的亭子，宝云阁也因此有了"铜亭"的民间叫法。现在虽然门窗修复了，但"铜亭"的叫法却流传了下来，也算是人们对那段历史的特殊纪念。

列强掠夺后的铜亭

　　铜亭在近代战火中不仅被火烧过，门窗被抢，亭子下方放置的铜桌也曾离开过它原来的位置。宝云阁内的铜供桌是乾隆三十年（1765年）一月二十八日由二十个大力士从京城内铸炉处搬运到颐和园宝云阁安放的，1860年铜亭内铜造像等被掠走，铜供桌幸存，没想到1945年又差一点毁于日本人之手。1945年，穷途末路的日寇为搜集铜料加工弹药，竟把主意打到中国的铜质文物上来。8月10日，北平市工务局和日本昭和通商株式会社到颐和园拉走铜缸、铜炉以及宝云阁内的铜供桌运往天津，好在没多久日寇就战败投降了，11月份颐和园才派人去天津将铜器包括宝云阁内铜供桌一起运回。

　　时光流转，到了1993年，美国友邦保险公司创办人出于对中国人民的友好情谊和对中国文物保护事业的支持，由基金会出资50余万美元，将散失在海外的铜亭窗饰买下并送还我国，它们现在已被安装在铜亭原来的位置上。宝云阁上原来的各类装饰点缀也都一一复原。但现在铜亭上挂的"大光明藏"匾额虽是古铜色，却是化工材料制成的复制品，游人不知道的话，很容易将它误认为铜件。据说这块匾额是仿承德珠源寺宗镜阁铜殿"海藏持轮"匾额纹饰复制的。而承德珠源寺宗镜阁铜殿是乾隆二十六年（1761年）下旨"照依万寿山铜殿所用物料数目交铸炉处加工赶办"的。如今珠源寺宗镜阁铜殿早已被日寇化为铜水，那块"海藏持轮"匾额却保存了下来，存放于避暑山庄博物馆。这也是"大光明藏"匾额复原过程中的一段奇遇。

全面修复后的铜亭

经历了近代百年的战火劫难，历经风雨，这座匠心独具的铜亭又恢复了完整的面貌，矗立在颐和园的万寿山上，展示着它华贵的风采。

46　峨眉山金顶铜殿

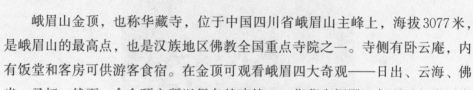

　　峨眉山金顶，也称华藏寺，位于中国四川省峨眉山主峰上，海拔3077米，是峨眉山的最高点，也是汉族地区佛教全国重点寺院之一。寺侧有卧云庵，内有饭堂和客房可供游客食宿。在金顶可观看峨眉四大奇观——日出、云海、佛光、圣灯。然而，令金顶之所以得名的建筑——华藏寺铜殿，却再无机会列身其中。

　　金顶最早的建筑传为东汉时的普光殿，唐、宋时改为光相寺，明洪武时宝昙和尚重修，为铁瓦殿。锡瓦、铜瓦两殿为明时别传和尚创建。金顶金殿为明万历年间妙峰禅师创建的铜殿，万历皇帝朱翊钧题名"永明华藏寺"。金顶的得名来源于"金殿"。据有关资料记载，金殿高二丈四尺五寸，广一丈三尺五寸，深一丈三尺五寸，瓦柱门窗四壁全为掺金的青铜铸造，中供普贤菩萨像，旁列万尊小佛，门壁上雕刻全蜀山川道路图，工艺精湛，叹为观止。在铜殿外还树有铜塔和铜碑。当清晨朝阳照射山顶时，金殿迎着阳光闪烁，耀眼夺目，十分壮观，故人们称之为"金顶"。有趣的是，一般寺庙的大门都是朝南的，唯独峨眉山的都朝东，金顶的铜殿，却又例外地朝西，这也可算是峨眉山的独特之处了。据说从前西藏来的信徒只礼拜金顶，因为释迦牟尼的故乡在西域。

　　可惜在清代道光年间，由于一次大火，金殿被烧坍，留存下来的只有一通铜碑，一面是王硫宗撰并集王羲之字的《大峨山永明华藏寺新建铜殿记》，一面是傅光宅撰并集褚遂良字的《峨眉山普贤金殿记》，现存华藏寺中，另有几扇原金殿窗门也存在华藏寺。从这几件遗物中，我们可以想见当年金殿是何等的辉煌壮观。铜殿被毁后，光绪年间心启和尚在原址建以砖殿。新中国成立后，国家曾拨款维修金顶。然而，谁也没有料到，等待着它的又是一场猛烈的大火。

　　"文化大革命"时期，金顶又遭受了严重破坏。占用金顶的有关单位把木质结构的庙宇当作柴油发电机房。1972年4月8日发生火灾，无情的大火将金

峨眉山金顶

顶、华藏寺全部烧毁。大火烧毁铜门2扇、铜壁7面、铜碑1座、铜塔2座，铜炉、铜瓶、铜镜难计其数；烧毁象牙佛、锡莲灯、馈砂佛经书、古代名人字画等8972件；永德和尚也被火烧死。最可惜的是，《北隆藏经》在全国只有两部，而金顶庙里珍藏的这一部是最齐全的，共7600本（木刻版），也被大火烧为灰烬。

1986年，国家拨款260万元重建华藏寺，1990年9月11日落成。现今华藏寺比原先的华藏寺规模大，建筑质量高，飞阁流丹，崇宏壮丽，殿宇轩昂，高耸入云。然而，曾经金碧辉煌的金殿自道光年间的大火之后，再也没有重建过，只能给来此游览的人们留下惋惜和想象。

47　宝华山隆昌寺铜殿

　　宝华山隆昌寺是我国佛门"律宗第一名山"，位于江苏省句容市西北部，距南京30多公里。它拥有一座闻名于东南亚的佛教戒台，其广纳四方僧众，佛教信众纷纷为之从四方而来，故有"传律戒台东西南北来"。康熙、乾隆两位皇帝都曾亲临此地观瞻，寺内由无梁殿与铜殿组成的一组菩萨殿，是寺内最重要的建筑。

　　隆昌寺铜殿建于明朝万历三十三年，已有近400年的历史，全名观世音菩萨金殿，因最初用铜构件建成，俗称铜殿。铜殿重檐歇山琉璃瓦顶，外有石柱方亭。结构精巧，雕刻细腻。殿高7米，阔4.5米，深4米，其梁、栋、栌、桷、窗、瓦、屏、槛均以铜为之，故名铜殿。其形为楼阁式，结构精巧，雕刻细腻，供观音菩萨坐身金像于殿中，四壁雕如来诸菩萨及帝、释、天、人像等，殿前丹墀石栏围护，有石阶梯可供进出。铜殿上方有"莲界云香"四个大字，是1707年清康熙帝所题。

　　铜殿左侧是文殊无梁殿，右侧是普贤无梁殿。无梁殿为单檐歇山瓦顶，重檐九脊，内部系砖垒成的拱券，外部模仿木结构形制，门窗头上雕刻云纹、二龙戏珠等图案。无梁殿全部用青砖垒砌，不用寸木。装饰图案均为砖雕，形式与北京北海无梁殿近似，但艺术造型更佳，尤其是砖雕，工艺精湛。无梁殿与铜殿组成的菩萨点共同构成了寺内建筑的灵魂。

　　这座铜殿也是由当时的高僧妙峰负责铸建的，神宗皇帝和他的母亲慈圣太后赐金二千金而建成。妙峰曾发愿要塑三尊大士的金像，造三座铜殿，分别送到三大佛教名山，即四川峨眉山（普贤菩萨的道场）、山西五台山（文殊菩萨的道场）、浙江普陀山（观音菩萨的道场）。相传当妙峰法师将金像和铜殿铸好，提出要送到普陀山时，却遭到该山僧人的拒绝。因为当时社会局势较为混乱，普陀山僧人怕树大招风。妙峰无奈之下只好卜择，不料连卜三卜，卜卜都是宝

隆昌寺铜殿

华山，他便奏请皇帝和慈圣太后，将大十金像和铜殿改置宝华山。

前面我们已经说道，万历皇帝的母亲李娘娘，也就是后来的慈圣太后笃信佛教，她曾梦见自己来到一座满山皆是莲花盛开的山中，江南的宝华山又有莲花之称，因此，慈圣太后对宝华山颇有好感，她见妙峰讲铜殿置于宝华山自然高兴。于是，宝华山从此与峨眉山、五台山有了齐名的地位。

1707年，康熙登临宝华山，恩赐御书法"莲界云香""精持梵戒"匾额及金字心经一卷、渊鉴斋法帖一部、御书金扇一柄。1751年乾隆皇帝第一次来宝华山，赐御书大雄主殿匾额"光明法界"，铜殿匾额"宝网常新"，戒坛匾额"精进正党"。1762年，乾隆三登宝华山，御书"南无阿弥陀佛"六字，曾放大书写于寺院围墙上。清乾隆皇帝先后六次登临宝华山，每次均有诗作。

48 五台山铜殿

五台山铜殿位于山西省五台山大显通寺内，亦称"显通铜殿"。铜殿于明代万历年间建置，外观两层，实为单层，殿高8.3米，宽4.7米，进深4.5米，为重檐歇山顶式建筑，重达500吨，是我国现存最大的一座铜殿。铜殿上层四面设有六扇门，四周有青铜栏杆，似可供凭栏远眺。下层四面各有八幅格扇，格扇上分别雕铸着二龙戏珠、丹凤朝阳、喜鹊登梅、犀牛望月、牡丹出瓶、玉兔拜月、鲤鱼跃龙门、狮子滚绣球、老鼠盗葡萄等优美图案，形象逼真、活灵活现。殿脊两端铸有两只跃跃欲飞的螭吻。螭吻，相传为龙王第九子，塑在这里起护卫铜殿的作用。殿脊中间装有一个葫芦状的风磨铜顶，舒展大方，光彩熠熠。铜殿内正中供有铜质文殊骑狮像，高约一米，逼真的神态处处给人以敏慧灵秀的感觉。周围铜壁上铸满了铜质鎏金小佛像，共一万尊。殿内的景泰蓝供器，均为康熙皇帝朝山时所赐。整个殿装饰富丽，雕镂用功，造型精美，保存颇为完好，是我国罕见的铜制文物。

现铜殿西北角一根铜柱上有一道劈痕，相传是康熙留下的。据说，清圣祖康熙第二次巡幸五台山时，怀疑这铜殿内里是不是"豆腐渣"工程，曾突然抽出腰间宝剑狠劲劈向铜殿西北角那根铜柱上，便留下了一道痕迹。此情景有些不合常理，哪有如此举止乖戾之皇帝，十有八九是后人杜撰的故事。

五台山铜殿监制于盛产铜矿的湖北，制成后运至五台山，待显通寺竣工后，安放于寺内。这座铜殿是按照万历皇帝的旨意建造的。那么，万历皇帝为什么要建这座铜殿呢？这里还有一段十分动人的故事。

相传，明代时期五台山有位高僧，俗名福登，山西平阳人，法号妙峰，因其精研佛法，学问高深，闻名遐迩，万历皇帝的母亲李娘娘也拜其为师。当万历皇帝还是年幼太子的时候，李娘娘曾向妙峰法师请教："何以乞子平顺？"妙峰答曰："修殿、建塔、修桥补路。"李娘娘之所以问此话，是因为穆宗病重，

五台山铜殿

太子朱翊钧年幼。朝内重臣心怀叵测，一旦穆宗逝世，少主接位，恐难维持局面，故想求佛保佑。果然，穆宗突然驾崩之后，皇亲李良擅权，极力排挤打击李娘娘母子。李娘娘千方百计将太子朱翊钧托付于大臣徐彦昭和杨波。后来，他们合力扫除奸逆，朱翊钧登基，改国号为万历。李太后没有忘记妙峰法师的建言，笃信佛教的她劝说皇帝也尊崇佛教，大修寺庙。万历皇帝十分感激与孝敬母后，便下旨命妙峰法师玉成其事。妙峰领命后，集全国13省市布施，先后铸成三座铜殿，一置峨眉山，一置宝华山，一置五台山。三个铜殿均在湖北省荆州浇铸，运至现场组装，如今仅存五台山这一座了。五台山铜殿在建造中处处体现个"万"字，比如化缘万家，用铜数十万斤，铸佛一万尊，便是祝愿太后万寿无疆之意。

与铜殿相映生辉的还有阶下铜塔。殿前原有与铜殿同期铸造的铜塔五座，按东西南北中方位布置，象征五座台顶。五座铜塔，原塔仅存两座，即铜殿前东西两座；另三座在日本侵华期间，被日本侵略者盗走；后又以铁补铸三座塔立于原处。铜殿、铜塔皆饰以金箔，远远望去，金碧辉煌，阳光之下，熠熠夺目。

49 华严寺铜地宫

    华严寺位于大同古城内西南隅，始建于辽重熙七年（1038年），依据佛教经典《华严经》取"慈悲之华，必结庄严之果"的大乘教义而命名，兼具辽国皇室宗庙性质，地位显赫，后毁于战争，金天眷三年（1140年）重建。华严寺占地面积达66000平方米，是中国现存年代较早、保存较完整的一座辽金寺庙建筑群。寺院坐西向东，山门、普光明殿、大雄宝殿、薄伽教藏殿、华严宝塔等30余座单体建筑分别排列在南北两条主轴线上，布局严谨。华严寺在历史上曾多次遭到兵火破坏，又曾多次修复。清初顺治五年（1648年），华严寺又遭战火，只有大雄宝殿和薄迦教藏殿幸存。虽然后来其余殿堂又陆续予以重修，

华严宝塔

（山西大同）

但规模和结构都不如前朝了。清朝末年，华严寺千疮百孔，一片荒凉。新中国成立后，政府多次拨款维修华严寺，一系列建筑又仿照古代型制逐渐建造起来。其中，比较引人注目的是华严宝塔和华严寺地宫的修筑。

华严宝塔是今人根据《辽史·地理志》上的记载恢复建造的。木塔平面呈方形，包括塔刹在内总高43.5米，为三层四檐纯木榫卯结构，每层面宽、进深各为三间，均按辽金时期的建筑手法营造。塔内分层供奉着香檀木雕刻的释迦牟尼佛、观世音菩萨、交脚菩萨像。

在华严宝塔的地下，是占地近500平方米的千佛地宫。地宫是用100余吨纯铜打造而成的，从宫顶到地面、墙体到楼梯，全部用铜制造，藻井、塔柱、壁画、地板、扶梯等，采用了雕凿、锻打、贴烙、线刻等多种铜工艺技法，是一处名副其实的铜宫殿，也是全国最大而且纯粹的铜造地宫。千佛地宫四壁上供奉着四尊主佛和448尊小供养佛，加上墙壁和塔柱上的浮雕佛像共有1000余尊。在地宫中央的水晶舍利宝塔里迎供着佛界高僧舍利，浮雕上用图案记录了释迦牟尼一生的经历，如"树下诞生""天人献衣""得遇沙门""妙转法轮"等。

华严寺宝塔地宫

这座地宫虽是今人建造，但其构思之精巧，做工之精细，均不输于古人。它体现了深厚的文化内涵和艺术价值，反映出制作者精心雕琢的工匠精神。地宫如此富丽豪华、美轮美奂，以至星云大师参观后，也表示"很震撼"。铜地宫的作者是我国顶尖铜建筑大师——有"中国当代铜建筑之父"之称的朱炳仁先生。他还有许多经典铜建筑分布于全国各地，我们在后文还将一一介绍。

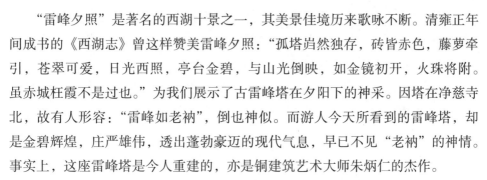

50 西湖雷峰铜塔

"雷峰夕照"是著名的西湖十景之一，其美景佳境历来歌咏不断。清雍正年间成书的《西湖志》曾这样赞美雷峰夕照："孤塔岿然独存，砖皆赤色，藤萝牵引，苍翠可爱，日光西照，亭台金碧，与山光倒映，如金镜初开，火珠将附。虽赤城枉霞不是过也。"为我们展示了古雷峰塔在夕阳下的神采。因塔在净慈寺北，故有人形容："雷峰如老衲"，倒也神似。而游人今天所看到的雷峰塔，却是金碧辉煌，庄严雄伟，透出蓬勃豪迈的现代气息，早已不见"老衲"的神情。事实上，这座雷峰塔是今人重建的，亦是铜建筑艺术大师朱炳仁的杰作。

雷峰塔建于五代（975年），是吴越国王钱弘俶为庆祝黄妃得子而建，初名黄妃塔。因建在当时的西关外，故又称为西关砖塔。原拟建十三层，后因财力所限，只造了五层，系砖木混合结构。建成后因所在之山为南屏山余支，唤作雷峰，故又称雷峰塔。明嘉靖三十四年（1555年），倭寇海盗侵入杭州，怀疑雷峰塔中藏有伏兵，竟放火吞噬了木构檐廊，仅剩砖体塔身，塔顶也毁残了，老树婆娑，所以清人在西湖边看到的便是"孤塔岿然独存"之景。

在广为流传的民间传说《白蛇传》中，法海和尚曾将白娘子镇压在塔下，并咒语："若要雷峰塔倒，除非西湖水干"。法海以为，西湖的水不可能干涸，因此雷峰塔也不会倒。然而，或许人们正是源于这个故事的启发，在清朝末年到民国初期，民间盛传雷峰塔砖具有"辟邪""宜男""利蚕"的特异功能，因而塔砖屡屡遭到盗挖。今天你掘一块，明天他挖一块，终于，雷峰塔支撑不住，在1924年9月25日轰然倒塌。

古雷峰塔倒在了民国乱世，留下一堆残砖碎瓦，埋没于衰草枯树间。地方政府也无暇顾及重修事宜，甚至都没有对塔的地宫进行挖掘和清理。雷峰夕照的美景，因失去核心人文建筑，也从此黯然失色。而人们恢复雷峰塔的期盼，却一直存在。

1999年，浙江地方政府决定恢复"雷峰夕照"的景观，次年雷峰塔重建工程正式奠基。之后浙江省文物考古研究所对雷峰塔遗址和地宫进行了考古发掘，出土了包括吴越国纯银阿育王塔、鎏金龙莲底座佛像等在内的一批精美的文物珍品，轰动了海内外。2002年10月25日，雷峰塔重建竣工落成。

　　雷峰新塔建在遗址之上，恢复了旧塔被烧毁之前的楼阁式结构，完全采用了南宋初年重修时的风格、设计和大小建造。这座塔兼具遗址文物保护罩的功能，新塔通高71.679米，由台基、塔身和塔刹三部分组成，其中塔身高49.17米，塔刹高18.25米，地平线以下的台基为9.8米；由上至下分别为：塔刹、天宫、五层、四层、三层、二层、暗层、底层、台基二层、台基底层。新塔台基以下两层（包括地下的一层），平面呈八角形。台基周边，装饰有汉白玉雕制的石栏杆，台基以上，塔身耸立，外观五层，其中第一层内部实际分上下两层，只是外观上檐屋面较高，呈现为一层。

雷峰塔

　　雷峰新塔各层屋面都覆盖铜瓦，每个转角处设铜斗拱，飞檐翼有下悬挂铜制的风铎。雷峰塔已从砖木塔变为铜塔，总用铜量达280吨，全塔共有近2万片铜瓦，成为古今中外采用铜件最多、铜饰面积最大的铜塔。新塔塔身的二层以上，每层都有外挑平座，平座设栏杆，绕塔而成檐廊，可供游人登塔赏景。可以说，铜制雷峰塔是新的创作，与单纯的复原是不同的，因此也备受瞩目，引发争议。总责其事的朱炳仁先生，为了说服各方专家，写了数万字的论证缜密的报告，才使项目方案得以通过。

现在铜塔屹立于雷峰山上，威风凛凛，更像是一个披甲戴盔的将军。因此，我们今天看到的雷峰夕照，是不同于前人眼中那种略带衰败荒凉的色调的。鲁迅先生在《论雷峰塔的倒掉》一文中曾说："但我却见过未倒的雷峰塔，破破烂烂的映掩于湖光山色之间，落山的太阳照着这些四近的地方，就是'雷峰夕照'，西湖十景之一。'雷峰夕照'的真景我也见过，并不见佳，我以为。"那么，倘若他今日游西湖，看到铜制雷峰塔，又会作何感慨和评论呢？

51 桂 林 铜 塔

俗话说"桂林山水甲天下",桂林市则是桂林山水中的一座桂冠。城中山峦起伏,绿水环绕,叠彩山、伏波山、象鼻山相映成趣,又有"两江四湖"(即漓江、桃花江、杉湖、榕湖、桂湖、木龙湖)贯通全城。在全城最繁华之处的杉湖中,矗立着两座宝塔,恰似桂冠上的两颗明珠——日月塔,又称金银塔。其中,这座日塔或称金塔,是一座铜塔,又是两塔中的领衔者。

桂林铜塔

日塔是9级8角宝塔，高41米，共9层，为混凝土包铜结构。内层是钢筋混凝土，外包黄铜，其所有构件，如塔什、瓦、画、翘角、斗拱、雀替、门窗、柱梁、楼梯、天面和地面都是由纯黄铜建造的，共耗铜数百吨。整座铜塔创下了三项世界之最——世界上最高的铜塔，世界上最高的铜质建筑物，世界上最高的水中塔。塔的第九层面积为20平方米，是一个能容纳10人的会议室，置身其中，能够将附近的山水美景尽收眼底。

在外面观看铜塔时，只见被古铜包裹着的塔身闪烁着金属的质感，瓦片、飞檐翘角和装饰柱均采用现代的铜雕工艺，具有防雷、防静电、防腐蚀、防台风的作用。铜制品的使用使中国的传统文化得到了进一步发扬光大，相比传统的木制品，铜制品更能栩栩如生、惟妙惟肖地表现中国古建筑文化的精髓。

走进铜塔，宛若置身梦幻世界。铜塔制造者经研究运用不同光泽的金属处理技术，创造了极好的美学观赏效果，使人宛如置身于一个用黄金堆砌的殿堂。其内部装饰与塔部的外观气质十分吻合，实为内外兼修之作。

塔身门窗上的多层次浮雕，皆采用中国铜塑工艺美术大师朱炳仁先生首创的高反差磨花工艺等多项国家专利技术，是各种工艺交融的艺术品，高雅而神奇。铜塔顶部根据佛教的梵画，全部由黄铜锻刻成莲花状铜浮雕，构思巧妙，巧夺天工。吊灯由宛若绽放的莲花基部悬挂而下，人们无不赞叹设计之精妙绝伦。

在湖中离日塔不远处是月塔，月塔是7级8角宝塔，高35米，共7层，用琉璃装修，庄重典雅。日月两塔之间，以一条10米长的湖底隧道相连。日月塔与不远处漓江水边象山上的普贤塔，以及塔山上的寿佛塔相互呼应，相互映衬，有"四塔同美"之说。

在白天，铜塔似姜子牙的打王鞭立在湖中直插苍穹，琉璃塔宛如少女于湖中伫立。到了晚上，两座塔会亮起灯光，展现出完全不同的风姿。铜塔通体金光闪闪，宛如金幢散发佛光；琉璃塔白光熠熠，瑰丽圣洁。日月合璧，塔影倒映水中，随影波动，更加美轮美奂，常使游人流连忘返。

52 钱王祠铜殿

在距西湖十景之一的"柳浪闻莺"不远处，有一座规模颇大的祠堂坐落在绿荫繁树之间，面向碧波荡漾的西湖，迎接着熙熙攘攘的八方游人。它就是著名的钱王祠，为纪念五代时期占据东南江山的吴越国国君钱王所建。

进入钱王祠，沿着青石板甬道前行，穿过五座牌坊，眼前蓦然竖立着一座钱王塑像。他气宇轩昂，一身正气，身披盔甲，怒目前方，使人不得不敬畏三分。钱王塑像不远处是正对山门的两个荷塘，波光粼粼，绿意盎然，给这肃穆之地平添了几分诗意与柔情。荷塘后面是垂柳掩映的"功德坊"，轩昂的牌坊与钱王祠的山门遥遥相对。红色的"八字墙"围起的山门显得大气、庄重。八字墙也是这座始建于北宋熙宁年间的祠堂几经毁建、历经沧桑后仅存的原建筑遗迹。

通过这些路引和屏障后，看到的第一座宫殿建筑便是全铜铸造的献殿。该铜献殿本体建筑体量不大，通高8.4米，殿长宽各为4米，但由于其铜制须弥台基长宽各为10米，计100平方米，是目前中国台基面积最大的铜殿，为世人所瞩目，尤其是台基上八海九山的铜雕使其成为新的瑰宝。铜献殿为单层三重檐式，方殿为宋式风格，上设阿育王塔式宝顶，用铜达40余吨，结构造型颇具特色，色泽为古黄铜色，古朴，金属质感强，富贵又不失典雅。

再往里走，依次是功臣堂、五王殿。功臣堂内以壁画的形式，线描石刻的手法，展现了西陵大战、擒董昌、大战狼山江、疏浚西湖、筑捍海塘、纳土归宋、陌上花开、兴筑罗城这8个重大历史事件，反映了钱氏三世五王的文治武功。五王殿内陈列三世五王塑像。步入殿堂，位于正中的钱镠像高约5米，在钱镠像周围是钱元瓘、钱弘佐，钱弘琮、钱弘俶的塑像，栩栩如生。

宏伟的祠堂彰显出历史的厚重，精致的铜铸殿更是在国内祠堂中少见。那么，吴越国君究竟有哪些功绩，使得后人延绵凭吊呢？

钱王祠铜殿

　　吴越国是五代十国时期的国家之一，由钱镠在公元907年所建，先后尊后梁、后唐、后晋、后汉、后周和北宋等中原王朝为正朔，并且接受其册封。强盛时拥有13州疆域，约为现今浙江全省、江苏东南部、上海市和福建东北部，全盛时南至福建福州一带。唐末五代藩镇割据，战乱频仍，吴越国首任国君钱镠采取保境安民和"休兵息民"的战略方针，重农桑、兴水利、筑海塘，建设城市，发展与日本、朝鲜等国海外贸易，其后继任的君王又都能坚守这一原则，使两浙之地有一个较长的稳定发展时期。

　　宋开宝八年(975年)，宋太祖赵匡胤最后消灭了割据政权南唐，十国之中仅剩吴越国。高僧延寿乃德韶之法嗣，此时沉疴在身。吴越王钱弘俶前往探病时，就宋灭南唐危及吴越走向，征询延寿的意见，延寿则尽力劝谕钱弘俶"纳土归宋，舍别归总"。钱王弘俶审时度势，遵循祖宗武肃王钱镠的遗训，以天下苍生安危为念，采纳了延寿的临终遗言，为保一方生民，采取"重民轻土"之善举，毅然于太平兴国三年(978年)五月入宋京开封，遵从祖训，决定纳土归宋，将所部十三州，一军、八十六县、五十五万六百八十户、十一万五千一十六卒，悉数献给宋朝，成就了一段顾全大局、中华一统的历史佳话。

钱王没有以一家一姓之私利绑架一方百姓的利益，主动放弃王权，保全苍生的安宁，是中国历史上少有的壮举。北宋著名诗人苏轼曾评说："其民（指吴越国百姓）至于老死，不识兵革，四时嬉游，歌鼓之声相闻，至今不废，其有德于斯民甚厚。"后来，钱王的阴德也荫及后人。钱王后裔中，盛出杰出人才，大家所熟知的钱学森、钱伟长、钱三强、钱正英、钱其琛、钱君匋都是钱王后代。钱王祠大殿门上挂的牌匾，正是钱王第34代孙——著名科学家钱伟长手书。

53　同　源　桥

在台湾地区中台禅寺院内的一个莲花池上，安放着一座用纯铜打造的桥，此桥用10吨铜铸成，桥长近10米，桥洞跨度2米。桥上108罗汉熠熠生辉，桥身一侧雕刻着杭州西湖和灵隐寺景观以及灵隐寺木鱼法师的诗："西湖桃柳喜逢春，燕子将归认主人。拂面和风生暖意，山光水色见精神。"另一侧雕刻着台湾日月潭和中台禅寺景观，以及中台禅寺惟觉法师的诗："金桥庄严通两岸，迷悟即在一瞬间。悟时登桥到乐土，迷时寻找桥不现。"诗中的禅意值得玩味。那么，这座桥有什么来历呢？

原来，早在2002年，杭州西湖南线实行整改，著名铜塑艺术大师朱炳仁先生提议在湖上架起国内第一座铜桥，以期为波光粼粼的湖面播洒一片金色祥光。桥造好后，取名"涌金桥"，拟安放在西湖西岸南山路涌金门，但因客观条件限制，未能如愿。

2003年前后，陈水扁搞出一系列挑衅动作，虽然都受挫败，却给两岸人民感情带来伤害，引起了两岸关系的紧张。关注时局的朱炳仁认为，两岸之间缺乏友好沟通与交流的桥梁，这时他便想到了那座已经造好的"涌金桥"。

朱炳仁思前想后，有意把该桥以民间方式、个人名义送给台湾地区，以增进两岸感情交流。在取得各方支持后，从2004年开始，他对该桥重新进行设计、完善，并易名为"同源桥"，象征两岸同根同脉、同出一源。

2007年12月22日，朱炳仁倾力打造的"同源桥"经国家宗教局支持，克服阻碍因素，由杭州灵隐寺赠送给中国台湾中台禅寺，成为两岸文化交流史上的一件盛事，凤凰卫视向全球77个国家和地区直播了赠桥庆典。当天，七万台湾地区民众兴致勃勃地登上铜桥，祈福和平。朱炳仁对于铜桥的归宿甚感欣慰，他回忆："最初，我想把这座铜桥留给西湖，但最后它去了更好的地方。在杭州，它只可算作一道风景，但在台湾，它就是纽带，是两岸人民共同拥有的美好景色"。朱炳仁也成为两岸沟通与交流的民间艺术家。

中台禅寺的同源桥

2009年12月28日，中国台湾国民党名誉主席连战会见了朱炳仁，高度评价他从造同源桥到主动与台湾文化艺术界进行多方面交流、为两岸和平奔走呐喊的作为和创举，并且为之题词："炳仁大师巧夺天工"。中台禅寺惟觉长老会见朱炳仁时说："你做的同源桥做得好！给两岸和平带来了希望，沟通与和平也是台湾人民的祈盼。"

看来，两岸百姓都希望和平友好相处，增进沟通与交流，希望两岸能架起更多这样的桥梁，通过这些有形和无形的桥梁，建立起信任和理解，结成两岸亲密的纽带。

54　西湖龙吟凤鸣铜画舫

到杭州西湖的游客一定会为那湖光山色所陶醉，单说这西湖的水，就有数不尽的趣味。湖边的碧水清澈见底，水中的游鱼自由自在，也不避人。天空中常飞翔着水鸟，偶尔俯冲到水面又飞起，口中便衔着猎物，落在树梢享用，留下波纹荡向远方。湖面上三三两两的游船，起起伏伏，似乎不在乎行驶的方向，偶见一只庞大豪华且极显夸张的龙船，笨拙地在水中慢慢移动。在西湖大小不一的船中，有两只会显得尤其别致。它们既没有小船的放浪形骸，也没有大船的高调和铺张，看上去大气优雅，又端庄内敛，带有几分贵族气质。它们就是中国第一对水中铜画舫——"龙吟"和"凤鸣"。

"龙吟"和"凤鸣"是由浙江外事旅游汽车有限公司主持建造的，杭州铜艺术大师朱炳仁先生负责设计，铜画舫内部采用了钢结构，外部应用了多种铜工艺进行装饰。两艘船各长16.5米，总宽4米，分别可载客35人。这两艘铜画舫可不是随意出行的，主要是用于在西湖上接待国家元首和海内外贵宾以及承接各类重大喜庆的活动。

杭州西湖的铜画舫

铜画舫内饰

　　这两艘铜画舫秉承丰富的设计理念，吸收了诸多中国传统元素。其中"龙吟"是以乾隆游西湖传说为基调进行设计的，整条船以金龙图案铜雕为主题，舱内有"乾隆游西湖图"铜雕，顶棚由杭州织锦龙图案装饰，顶灯为铜材质古色古香吸顶宫灯；而另一艘姊妹画舫"凤鸣"则是以王母赠明珠传说为基调设计的，舱内设有"王母赠珠图"铜雕，顶棚由中寿图案装饰，顶灯用西湖明珠图案寓以西湖民间故事。

　　考虑造价、承载量等因素，它们并不是"全铜塑身"，只是以钢结构为骨架的铜艺术装饰船。两艘画舫从设计到制作完成历时近11个月，其中铜装饰就耗时4个多月，铸、锻、刻、雕、镶等古今中外制铜的十八般武艺几乎都用上了。

　　这两艘铜画舫每艘造价都在150万元以上，比一般的木质画舫贵一倍多。负责建造两艘船只的浙江外事旅游汽车公司车船分公司的负责人曾介绍，此画舫在设计制作时已经考虑了与杭州西湖及周边景色相吻合，确保船行水中，不仅不与环境冲突，还能成为湖中一景。以往的画舫龙舟，多用木质等材料制作，随户外常年使用，终会渐显粗糙，每搜木画舫每年的维修保养费就要40多万元。而以铜材制作，不仅可以做到工艺多样，外观更加精致，更可以减少平时的维修成本。因为铜画舫采用了预氧化技术，表面进行了氟碳保护，可以长年保持现在的原色，不生锈也不用油漆，平时只需稍加护理即可，算一算经济账也是很值得的。

55　秦镜高悬

镜子是我们日常生活中的重要用具，无论是早起梳妆，还是出门前端正衣冠，都要到镜子前面照照。更有爱美的人将小巧的镜子随身携带，对于在公交车上、咖啡厅内，或者在任何户外环境，有些人对着小镜子补妆的情景，你一定不会陌生。当然，现在手机的拍照功能已非常强大，打开摄像头，调到自拍模式，即可当作镜子使用。其实在古代，镜子就是日常家用必备物了，人们常将铜片的一面打磨光滑，可以清晰照出自己的面孔，一面雕以各色纹饰，装点成艺术品。那么，铜镜仅能照出人的外貌吗？晋代的道教学者葛洪曾记载一则趣闻。

葛洪在历史笔记小说《西京杂记》中说，公元前206年，汉王刘邦率兵攻破秦朝国都咸阳城，进入皇宫后，见到了数不尽的奇珍异宝，其中就有青玉五枝灯，灯衔在盘龙之口，灯燃时龙身鳞甲飘动，闪闪发光；有十二青铜人，围坐筵席四周，人手一件乐器，只需两人操控，十二金人便同时奏乐，栩栩如生；还有一支玉管，长二尺三寸，有六个孔，吹起玉管，仿佛有车马穿过山林，能听见车马前后相接驶过的梭梭辚辚之声，等等，让人眼花缭乱、叹为观止。在这些设计精巧、琳琅满目的珍宝中，一面镜子引起了刘邦的注意。这面铜镜宽四尺、高五尺，表里透明，站在镜子前，映在镜中的人像是倒过来的。更奇怪的是，如果把手放到胸前，镜中人的五脏六腑都清晰可见，体内生有什么病，到镜前一照便知。而最奇怪的是，如果一个人心中怀有邪念、恶意或者撒谎，在镜前一照，就能看见其肝胆和心脏都在急速跳动。相传秦始皇经常用这面镜子照人，来判断那人的善恶。

后来，人们便把善于断案，能够明辨是非，主持公正的清官明吏喻为秦镜，任人如何掩饰狡辩，都躲不过他们那双明镜似的法眼，也因此有了"秦镜高悬"之说。再后来，不管是清官还是贪官，都喜欢在公堂上挂起一轮"秦镜高悬"

的匾额，以标榜自己清廉、公正。但在后世传播中，秦镜的典故毕竟知者不多，有人便把"秦镜"改为"明镜"，挂起"明镜高悬"的匾额，就易于大众理解了。

铜镜
（湖北省博物馆藏）

实际上，这个故事的背后还有发人深省的问题，为何这明镜恰好就是"秦镜"，而不是后来的"汉镜"，也不是更早的"周镜"，或"楚镜""齐镜""赵镜"等呢？这难道仅仅是巧合吗？笔者揣测，既然"明镜高悬"常挂于断狱判案的衙门，便不仅是官吏的自我标榜，更是对法律的推崇，只有严格依法断案，才能如明镜般公正。而秦朝便是以严刑峻法的严格实行出名，自秦孝公时商鞅践行法家理念推行变法开始，就颁定了生活、生产、组织、作战等许多领域的法律，并且严格执行。秦国抛弃了周王室和其他国家以礼和德治天下的思想，改为凡事皆依法办。这是秦朝独异之处，极大提高了秦国的战斗力。秦统一全国后，仍严格推行"法治"，以至于最后也亡于严刑峻法，想必给治下百姓留有了极深的印象。无怪乎刘邦在咸阳宫能看到"秦镜"的魔力，这大概是为了满足人们对秦的想象而创造出来的情节吧！

56 破镜重圆

　　破镜重圆这个成语故事是由隋越国公杨素（华阴人）一段成人之美的佳话而来的。

　　杨素，字处道，在辅佐隋文帝杨坚结束割据，统一天下，建立隋朝江山方面立下了汗马功劳。他不仅足智多谋，才华横溢，而且文武双全，风流倜傥。在朝野上下都声势显赫，颇著声名。

　　南陈后主陈叔宝有一个妹妹，被封为乐昌公主，是当时有名的才女兼美女。成年后，下嫁太子舍人徐德言为妻。

　　隋开皇九年（公元589年），杨素与文帝杨坚的两个儿子南下灭陈，俘虏了陈后主叔宝及其嫔妃、亲戚，其中有陈叔宝的妹妹陈太子舍人徐德言之妻，也就是陈国的乐昌公主。

　　由于杨素破陈有功，加之乐昌公主才色绝代，隋文帝就乱点鸳鸯，将乐昌公主送进杨素家中，赐为杨素小妾。杨素既仰慕乐昌公主的才华，又贪图乐昌公主的美色，因此就更加宠爱，还为乐昌公主专门营造了宅院。然而乐昌公主却终日郁郁寡欢，默无一语。

　　原来，乐昌公主与丈夫徐德言两心相知，情义深厚。陈国将亡之际，徐德言曾流着泪对妻子说："国已危如累卵，家安岂能保全，你我分离已成必然。以你这般容貌与才华，国亡后必然会被掠入豪宅之家，我们夫妻长久离散，各居一方，唯有日夜相思，梦中神会。倘若老天有眼，不割断我们今世的这段情缘，你我今后定会有相见之日。所以我们应当有个信物，以求日后相认重逢。"说完，徐德言把一面铜镜一劈两半，夫妻二人各藏半边。徐德言又说："如果你真的被掠进富豪人家，就在明年正月十五那天，将你的半片铜镜拿到街市去卖，假若我也幸存人世，那一天就一定会赶到都市，通过铜镜去打听你的消息。"

一对恩爱夫妻，在国家山河破碎之时，虽然劫后余生，却受尽了离散之苦。好容易盼到第二年正月十五，徐德言经过千辛万苦，颠沛流离，终于赶到都市大街，果然看见一个老头在叫卖半片铜镜，而且价钱昂贵，令人不敢问津。徐德言一看半片铜镜，知妻子已有下落，禁不住涕泪俱下。他不敢怠慢，忙按老者要的价给了钱，又立即把老者领到自己的住处。吃喝已罢，徐德言向老者讲述一年前破镜的故事，并拿出自己珍藏的另一半铜镜，颤嗦嗦欲将两半铜镜吻合时，徐德言早已泣不成声……卖镜老人被他们的夫妻深情感动得热泪盈眶。他答应徐德言，一定要在他们之间传递消息，让他们夫妻早日团圆。徐德言就着月光题诗一首，托老人带给乐昌公主。诗这样写道：

镜与人俱去，镜归人不归。

无复嫦娥影，空留明月辉。

乐昌公主看到丈夫题诗，想到与丈夫咫尺天涯，难以相见，更是大放悲声，终日容颜凄苦，水米不进。杨素再三盘问，才知道了其中情由，也不由得被他们二人的真情深深打动。他立即派人将徐德言召入府中，让他们夫妻二人团聚。乐昌公主看到当年风流倜傥的徐德言两鬓斑白，而徐德言看到变为别人小妾的乐昌公主，两人感慨万千。杨素见此情此景，于是让乐昌公主对此景赋诗一首，于是乐昌公主吟道：

今日何迁次，新官对旧官。

笑啼俱不敢，方验做人难。

破镜

杨素听后非常感动，于是决定成人之美，把乐昌公主送回给徐德言，并赠资让他们回归故里养老。府中上下都为徐陈二人破镜重圆和越国公杨素的宽宏大度、成人之美而感叹不已。杨素设酒宴为二人饯行，宴罢，夫妻二人携手同归江南故里。这段佳话被四处传扬，所以就有了破镜重圆的典故，一直流传至今。

破镜重圆还有出土文物证据。原湖北省鄂州市博物馆副馆长熊亚云曾是武汉至大冶铁路沿线的考古队队员。1956年，现在的鄂州市华容镇周汤村铁路路基旁，考古队发现两座古墓。这两座墓相距约10米，分别出土了宋代的古铜镜各半块。熊亚云当时并没有在意，后来将两块破镜洗干净凑起来，发现两块破镜完全吻合，铜镜上面还有"湖州念二叔铜照子"。这说明铜镜是湖州产的，"念二叔"是作坊的名称。据考证，两座墓地的主人生前是夫妻，后人在两位老人死后埋葬时，各埋了半块摔破的镜子，希望老人死后到天国能破镜重圆。

57 铜 钱

铜钱是古代最为常见、流通最广的金属货币，然而，它与金币、银币相比，价值要低得多。因此铜钱在故事中出现时，常常表示分量轻薄，价值微小的意思。例如，当有人问欧几里得，学习几何有什么用时，欧几里得吩咐身边人扔给他几枚铜子，并轻蔑地对他说，学几何可不是为了赚钱。可见，铜子代表的是微薄小利，与几何作为人类知识王国的殿堂相比，简直微不足道。

在中国也是一样。范晔所著《后汉书·刘宠传》里记载了这样一个故事：东汉刘宠，字祖荣，山东牟平县人，官至司徒、太尉。刘宠在任会稽郡太守时，政绩卓著，操守廉政，朝廷调他为将作大匠，也就是主管工程建设的官员。在他离任前，会稽郡山阴县若耶山谷五六位鬓发斑白的老人各带了一百文铜钱，想送给他，可刘宠不肯收。老人们流着泪对刘宠说："我们是山谷小民。前任郡守屡屡扰民，夜晚也不放过，有时狗竟然整夜叫吠不止，民不得安。可自从您上任以来，夜晚狗都不叫吠了，官吏也不抓捕老百姓了。现在我们听说您要离任了，故奉送这点儿小钱，聊表心意。"刘宠说："我的政绩远远不及几位老者说得那样好，倒是辛苦父老了！"老人们一定要他收下，盛情难却，刘宠只好收下几位老人各一文钱。他出了山阴县界，就把钱投到了江里。后人将该江改名为"钱清江"（在今绍兴市境内），还建了"一钱亭""一钱太守庙"。从此，"一钱太守"的美称便在当地传开了。

同样是在汉朝，还有一个用铜钱反映人品德高尚的故事。据唐朝徐坚《初学记》卷六引《三辅决录》里的记载：汉朝时期，为人十分清廉的安陵人项仲山，清廉得让人发笑。每次在渭河给马喂水时，都要投入三枚铜钱，表示不敢妄取占便宜。

明人冯梦龙编《广笑府·贪吞》中也有一个用一枚铜钱来辛辣讽刺吝啬鬼的故事：有一个极为吝啬的人，在外出的路上，遇上河水突然上涨，吝啬得不

小半两铜钱

（中国国家博物馆藏）

肯出渡河钱，就冒着生命危险涉水过河。人到河中间，河水把他冲倒了，他在水中漂流半里路左右。他的儿子在岸上，寻找船只去救他。船夫向落水人的儿子索要钱，要一钱才肯前去救助，儿子只同意出五分钱，为了争执救助的价钱相持了好长时间，一直没有说妥。这个父亲在垂死的紧要关头还回头对着他的儿子大声呼喊道："我儿，我儿，他要五分就来救我，要一钱就不要来救我啊！"

58　古都钟楼

晨钟暮鼓，是古人的作息依据之一。伴随每天清晨清脆提神的钟声，人们便开始了一天的劳作。钟声来自钟楼，是一座城池的重要建筑。随着历史的发展，许多钟楼已经不在了。而古都西安和北京的钟楼上，却仍然偶有铜钟敲响。

西安钟楼上悬挂的是"景云钟"。唐景云二年（711年），唐睿宗李旦巡游周至，夜宿行宫，梦见霞光满天，祥云缭绕，以为吉兆，遂下令铸钟以志。钟起初是被悬挂在刚落成不久的唐景龙观（唐长安城崇仁坊西南隅，今西安下马陵一带）"行三重楼以凭观"的钟楼上的，因此，这口钟被称为"景云钟"，亦称"景龙观钟"。安史之乱中，迎祥观和钟楼化为灰烬，景云钟也遭废弃。

明洪武十七年（1384年），在太子朱标考察了长安城后，当地于原钟楼旧址上建了一座钟楼，以保存这口富有神话色彩的"景云钟"作为报时用。据说每天撞击报时的时候，全城都能听到清亮悦耳的犹如凤凰鸣叫的钟声。

明神宗万历十年（1587年）扩建西安城，将钟楼迁往今天西安钟楼的位置。据负责迁移钟楼任务的陕西巡抚龚懋贤所撰《钟楼碑》记载，当钟楼移建工程完结之时，把景龙观的大钟搬来悬挂起来，却怎么也敲不响它。有人认为它是"历世久远，神武有灵"，不愿被挪动；也有人说，钟置于室内正好像是"待瓮以呼"，应该移到楼外。最后只好将它放回原处，又按照1：1的比例仿制景云钟，再造一口铁钟，悬挂于钟楼之上。

民国初年，景云钟曾在西安亮宝楼展出，后长期存放于此，供人参观。抗战爆发后，国民政府将景云钟拆卸外运，埋于乡下避难。新中国成立后，人民政府才将景云钟迎回古城，1953年移藏至西安碑林博物馆，陈列于二门里东亭内。

1996年西安市决定仿制唐景云钟。仿制的景云钟外观与原钟近似，通高2.45米，重6.5吨，钟裙外径1.65米，纹饰、铭文酷似原钟，音质嘹亮雄浑，可与原钟媲美。经多方努力，1997年1月30日，沉寂了数百年的晨钟暮鼓再次在古城响起，现悬挂于钟楼西北角。中央人民广播电台曾对景云钟进行录音，每年春节联欢晚会上辞旧迎新之际响起的新年钟声，就是景云钟的声音。

西安钟楼

　　北京钟楼，位于北京东城区地安门外大街，是老北京中轴线的北端点，原址为元大都大天寿万宁寺之中心阁。钟楼通高47.9米，重檐歇山顶，上覆黑琉璃瓦，绿琉璃剪边，是一座全砖石结构的大型单体古代建筑。明永乐十八年（1420年）建，后毁于火。清乾隆十年（1745年）重建，乾隆十二年竣工。

　　钟楼最初悬挂的是明永乐年间铸造的铁钟一口，因音质不佳，改用铜钟，原铁钟现被大钟寺古钟博物馆收藏。铜钟也是铸于永乐年间，钟高7.02米，下口直径有3.4米，钟壁厚12到24.5厘米，重达63吨，是中国现存体量最大、分量最重的古代铜钟，有"钟王"之称。它的钟声悠远绵长，圆润洪亮，在过去北京城尚无高大建筑的时代，可以传播数十里远。

关于北京钟楼铜钟的铸造，还有一个血腥残忍的传说。传说当年铸钟久铸未成，眼看限期将近，老铜匠华严心急如焚，其女华仙为帮助父亲，竟然跳入炉中，终于使得大钟按期铸成。事实真相如何，已难寻觅。但百姓为了纪念舍身救父的华仙姑娘，在小黑虎胡同修建了"金炉圣母铸钟娘娘庙"，现在仍有遗址可寻。

北京钟楼

59 铜　鼓

　　铜鼓在古代常用于战争、宴会、乐舞中。同许多青铜器一样，在功能演化中，铜鼓又逐渐成为权力和财富的象征，曾一度为民族首领贵族所独占，被视为一种珍贵的重器或礼器，因此也成为被祭祀的对象。在这一过程中，铜鼓的神话色彩渐增，更进一步衍生出许多民族风俗禁忌。铜鼓在国内流行于广西、广东、云南、贵州、四川、湖南等少数民族地区，在国外则广泛分布于越南、老挝、缅甸和泰国甚至印度尼西亚诸岛。"铜鼓"一词最早见于《后汉书·马援传》："马援出征交趾，得骆越铜鼓，铸为马。"可见铜鼓历史之早，而制作铜鼓的以百越中的"骆越"为多，即黎族与壮族。

汉代翔鹭纹铜鼓

（广西壮族自治区博物馆藏）

　　铜鼓的外形本身就是一件精美的造型艺术。无底腹空，腰曲胸鼓，给人以稳重饱满之感。鼓面为重点装饰部分，中心常配以太阳纹，外围则以晕圈装饰，与鼓边接近的圈带上铸着精美的圆雕装饰物，最多的是青蛙，其次有骑士、牛橛、龟、鸟等，造型夸张、雄强、有力、庄重、耐看。鼓胸、鼓腰也配有许多具有浓郁装饰性的绘画图案。鼓足则空留素底，造成一种疏密、虚实相间，相得益彰的效果。这些图像都是在模坯上用镂刻或压印技术制作而成的，采用线地浮雕的技法，画像传神简洁，线条刚劲有力。画像纹饰大抵分物像纹饰、图案纹饰两类。物像纹饰有太阳纹、翔鹭纹、鹿纹、龙舟竞渡纹和羽人舞蹈纹等；图案纹饰有云雷纹、圆圈纹、钱纹和席纹等。这些图像纹饰往往以重复或轮换的形象、构图出现，产生强烈的整体艺术效果，表现出合理的装饰布局。鼓胸装饰带的图像有长卷形式，而鼓腰装饰带的图案则是独立成篇，循环往复。

铜鼓身上丰富的纹饰，像一座无比丰富的资料宝库，储存着壮族古代社会生活的众多信息。铜鼓沿面的蛙塑像是铜鼓身上最有特色的立体装饰物。它们不仅富有民族特色且造型十分生动活泼。壮族民间传说，青蛙为天神雷王的儿子，专门了解人间旱雨情况，雷王根据它们的叫声行云播雨，因此人们对青蛙敬畏如神，见到青蛙不碰、不打、不戏弄，有的还要绕道回避。这是对古代壮族铜鼓上的蛙图腾的诠释。还有研究者认为，壮族先民最初的图腾很多，不同的氏族有不同的图腾。从所搜集到的资料看，如鸟、鸡、蛇、蛙等等，都曾被某些支系当作图腾崇拜过。后来，大概是因为崇拜青蛙这一支系强盛起来并取得了支配地位，青蛙（包括蟾蜍在内）遂发展成为大家所认可的全民族的标志。这也是对古代壮族铜鼓上的蛙图腾的又一种诠释。对于古代的壮族人民来说，铜鼓是一件重器，相当于中原的鼎，在人们的心目中是非常神圣的。

在西南少数民族中，壮族堪称铜鼓之乡。壮族使用铜鼓历史悠久，他们把铜鼓看作是传家宝，十分珍惜，并千方百计地保存下来，使之世代相传。例如，云南师宗县三个民族乡的传世铜鼓，壮语称"嘟勒碾"，多为明清时期传入。按收藏者叙述，依据鼓壁厚度和音响的差异，他们使用的铜鼓又可分为"公鼓"和"母鼓"。公鼓壁厚、颈长，鼓面纹饰和鼓体较为轻巧，声音圆润而洪亮；母鼓比公鼓贵重，壮族传世铜鼓的社会作用和其他文化产品一样，是随着其民族的社会发展而变化的，历史上主要是作为娱乐和礼仪工具使用，最原始的功能如传讯与财富象征等已逐渐消失，但作为礼器的神圣性至今犹存。

师宗龙庆地方的壮族，十分敬奉铜鼓，他们视铜鼓如神，平时不准随便乱敲，必须珍藏在家供奉，祈求它驱除邪恶，保佑人口平安、六畜兴旺，即使逢年过节，也要先用酒、肉祭献，把铜鼓"请"出来方可使用。在龙庆的各壮族村寨中，大年初一的头一件事就是祭铜鼓，凌晨一二时许，挑当地三沟汇合处

壮族铜鼓节

的清水将铜鼓洗净，舂一个大糯米粑粑，放在筛子里，上摆肉一刀、茶一杯、酒两盅、菜六碗（四荤两素），再将筛子放在铜鼓上，由主祭人边叩头、边祷告。祭词如下：

> 走老抱家，认老抱家，
> 铜鼓神，铜鼓神，
> 今年过年，请你临门。
> 酒肉茶饭来献你，吃的喝的样样全，
> 四荤两素都办到，请你保佑降吉祥。
> 五谷丰登，六畜兴旺，
> 全家老小，健康成长，
> 在家无病无痛，出门逢凶化吉。
> 好人多相与，恶人远远离。
> 旗开得胜，凯旋而归，
> 国泰民安，天下太平。

祭毕，即可敲响铜鼓。敲时，除男击鼓者外，另有一人持木桶于鼓后与之合韵，产生共鸣，使铜鼓发出"嘿嘿""嗡嗡"的响声，非常悦耳。由初一敲至初二即收藏起来，这一风俗沿袭至今未变。

60 故宫铜缸

去过北京故宫的游人可能都会注意到，故宫里的一些大殿前、庭院中都摆放着大小不一的金属缸，尤其是故宫三大殿前摆放的缸最大最显眼。这些大缸腹宽口收、容量极大，而且装饰精美，两耳处还加挂着兽面铜环。大缸分铁、铜和鎏金铜三种。一般来讲，铁缸是明代时铸造的；铜缸有明代的，也有清代的；鎏金铜缸则均是清代铸造的。其中，以铜缸居多，所以人们习惯称宫中的大缸为铜缸。那么，这些大缸是做什么用的呢？

原来这是当时故宫里的一种防火设施。故宫的宫殿大部分都是木结构，极易起火，比如太和殿，历史上就曾经遭四次大火，因此为了就近取水灭火，就在这些宫殿门口都放着大缸，每天有专门的太监往里面灌水，以防哪天宫殿着火了，可以及时用水扑灭。那时，人们称大缸为"门海"。从字面上不难理解，"门海"即门前之大海，以大海之力消灭火灾自然是轻而易举的。另外，按照古代五行相生相克的原理，金生水，而水克火，所以古人相信放置金属缸可以镇火。因此，大缸又被称作"吉祥缸""太平缸"。

宫中设置大量铜缸的意图是用来防火的，但同时又是重要的装饰品。清代宫中各处陈设吉祥缸的质地、大小、多少都要随具体的环境而定。鎏金铜缸等级最高，因此要设列在皇帝上朝议政的太和殿、保和殿两侧以及用于"御门听政"的乾清门外红墙前边。而在后宫及东西长街，就只能陈设较小的铜缸或铁缸了。据《大清会典》记载，清代宫中共有大缸308口，但世事沧桑，由于各种原因的破坏，如今只剩下了231口了。

明清政府为建造这些大缸耗费了相当大的物力、财力。拿鎏金铜缸来讲，整个工艺非常复杂，其方法是首先在金属器物表面涂上金和水银的合金，然后进行烘烤，使水银蒸发，将黄金滞留下来。目前故宫中尚存18口鎏金铜缸，虽说已经遭到了部分的破坏，但仍然个个金光灿烂，光彩夺目，华美无比。至于鎏金铜缸的造价，乾隆年间《奏销档》曾有过记载。鎏金铜缸口径1.66米，高1.2米，约重1696公斤，仅铜缸制造约合白银500多两，再加上铜缸上的100两黄金，共计需铸造费至少白银1500两。

故宫铜缸

在清代，宫中的铜缸是由内务府统一管理的。每天一早，内务府官员便命令杂役从井内汲水，一担一担地把所有铜缸的水补齐灌满，以备防火之用。每年到了小雪季节，宫内的太监就要在铜缸外套上一层特制的棉套，上面再加上厚厚的缸盖；同时，铜缸下面的汉白玉石基座里还要放置一盆炭火，保证使其昼夜不息地燃烧着。这样，通过双重保暖措施防止缸内存水结冰。保暖工作一直要到第二年的惊蛰时节才能结束，那时大地回春，气候已经逐渐转暖，太监们就会解去棉套，撤去炭火。故宫专司此职的机构叫作"熟火处"。在防火救火技术不发达的古代，这么做虽然成本高昂，但考虑到皇宫安全无小事，也只好采用这种方法防范。

1900年，八国联军侵华，可恶的列强们带着刺刀冲进了紫禁城大肆抢掠，珍宝抢完了，他们连这些鎏金铜缸也不放过，纷纷用刺刀把大缸表面的"鎏金"全部刮掉。如今，故宫那几口鎏金大铜缸的表面仍然还留着当年侵略者刺刀刮擦的痕迹，这是帝国主义侵略中国、掠夺和摧残我国古代文物的历史见证。

61 铜 印

印章是古人发明的取信之物，直到现在仍广为应用。在历史流传中，印章除了实用功能外，还兼具艺术审美价值和文物收藏价值，为历代文人雅士所喜好。制印所用的材质有许多种，包括金银铜铁等金属印、木印、玉石印等等。铜印，相较其他一般印材，具有耐用、庄重、高贵的属性，因此是印中比较受欢迎的一类。

铜印的印面以方形为主，也可见到极少数的菱形和圆形铜印，印纽的形状变化较多，有瓦纽、兔纽、兽纽、柄纽、片纽等等。古代铜印从印文内容上又可分为官印、人名印、闲章、吉祥语、图案印、斋室印、收藏印，在古代遗留下的书画作品或其他文史资料中，常常可以看到这类印文；还有一类是人们不太熟悉的宗教文字印，在宗教印中，最为著名、数量最多的是道教的秘密文字印，这类印文在当时只有道观中的住持和少数功法极高的道士才能认得。到了清代，道教中的人开始逐渐忽视这类文字，后来几乎就没有人能认识这类文字了。

据史料记载和出土的传世文物可知，铜印是古代的官印之一。汉代禄六百石以上佩铜印，南朝诸州刺史多用铜印，唐诸司、宋六部以下用铜印，元代千户之长可用铜印，清府、州、县皆用铜印。可见，铜印是古代办公常用的工具。

值得一提的是，新中国的第一枚国玺，即"中华人民共和国中央人民政府之印"也是以铜铸成的。1949年9月30日，中国人民政治协商会议第一届全体会议选举了以毛泽东为主席的中华人民共和国中央人民政府委员会，10月1日正式就职。在1954年9月第一届全国人民代表大会召开之前，它是行使国家权力的最高机关。这枚印章是中央人民政府颁布批准有关法律、法令、施政方针、条约、命令和行使其他权力的凭证。堪称"新中国第一大印"的它，为方形圆柄，印面边长7厘米、章体厚2厘米，柄长9.3厘米，铜胎铸字，整体造型有气势，15个字的宋体印文搭配对称、严谨，印痕字迹隽秀清晰、美观大气。

在中国铜印研究与制作方面，以西泠印社最为著名。西泠印社创建于清光绪三十年（1904年），地址在人文荟萃的杭州西湖孤山之上，以"保存金石，研究印学，兼及书画"为宗旨，是海内外研究金石篆刻历史最悠久、成就最高、影响最广泛的研究印学、书画的民间艺术团体，有"天下第一名社"之誉。在这里，可以看到许多珍贵铜印，而且目前西泠印社仍然制作铜印，社内铜印制作第一人即是铜塑大师朱炳仁先生。

汉代军司马方铜印

（湖北省博物馆藏）

中华人民共和国中央人民政府之印

（中国国家博物馆藏）

说到铜印制作，在铜陵也有一位技艺高超的师傅，他就是被誉为"铜陵铜印篆刻第一人"的陈安民先生。陈安民一直致力于铜浮雕、铜肖像、锻铜等铜陵铜文化艺术品的研究与探索。2015年，熟悉铜陵铜文化的陈安民在研读古刻印书籍时，萌发了打造铜陵"大汉铜官印"系列的想法。他认为，既然铜陵在历史上被封为"铜官"所在地，那么千年古铜都铜陵的铜印文化就应该加以研究与传承。

在研读了大量的古今刻印图谱、制作书籍后，陈安民根据自己对铜印的理解，做了厚厚的笔记，设计了100多件古铜印草稿，开始了自己"大汉铜官印"的创作。据陈安民介绍，制作铜印的过程极其繁复，需经历设计印稿、布篆、上稿、錾、削刻、钤印、调整、做刀、制铜坯、打磨等几十道工序，基本都是靠手工制作完成的。一方铜印从构思到最后成品，因为工艺水平要求很高，最快也要一个月。目前，陈安民已雕刻出多枚铜印章，颇具古风。陈先生发挥自己的想象进行全新的创作，将铜印文化发扬光大，是一件值得鼓励的事。

62 铜版画

　　铜版画，也称"铜刻版画""铜蚀版画""腐蚀版画"，是版画的一种，指在金属版上用腐蚀液腐蚀或直接用针或刀刻制而成的一种版画，属于凹版。因为较常用的金属版是铜版，故称此名。铜版画起源于欧洲，至今已有六百余年历史。这种创作形式典雅、庄重，在国际上一直被认为是一种名贵的艺术画种。历代大师都曾热衷于铜版画的艺术创作，从德国的丢勒、荷兰的伦勃朗，西班牙的戈雅，到法国印象派的马奈、莫奈、西斯兰、德加等，直至现代的毕加索、马蒂斯诸大师都留下了十分精美的铜版画作品。

　　明朝万历年间，意大利传教士利玛窦就曾携带宗教铜版画到中国。到了清朝，出现中国历史上第一幅战争题材的铜版画《乾隆平定准部回部战图》。乾隆二十七年(1762)由郎世宁在内的四位宫廷西洋画师奉御旨绘图，画稿远送法国巴黎，由法兰西皇家艺术学院院长侯爵马里尼亲命著名雕版技师柯升主事，挑选一流雕工、印工以特制"大卢瓦"纸和特种油墨精印两百套，后连同雕版一起运送回京，耗时15年之久，整个制作刷印耗银3万两。这套组画共16幅，生动再现了清军平定准格尔部及维吾尔族大小和卓木叛乱的恢弘战争场景，堪称18世纪欧洲铜版画制作之典范，也代表了清代宫廷铜版画的最高水平。后来，乾隆还命人在国内制作了《两金川得胜图》《台湾得胜图》等铜版画，以表现自己作为"十全老人"的赫赫战功。

　　《乾隆平定准部回部战图》铜版画的诞生，意味着中国对欧洲凹版雕刻印刷术的引进。但由于清政府长期的闭关锁国和文化禁锢政策，在其后近150年间，中国铜版画没有得到进一步发展，致使中国近代铜版画创作几乎成为空白。

　　清光绪年间，王肇宏留学日本，了解到铜版画技术，著有《铜刻小记》，并在国内首先介绍铜版画技术。但因环境条件所限，国内铜版画依然得不到发展。20世纪30年代，鲁迅倡导并培植了中国新兴版画，在国内介绍了德国女版画家

欧洲人于1682年制作的铜版画

柯勒惠支的作品，却因无专业教师等原因，铜版画技术未能得到广泛传播。

陈晓南是中国现代题材铜版画创作的先行者之一。1947年他经徐悲鸿推荐，公费去英国学习铜版画，1950年，他带了大量勃朗群的干刻和线蚀铜版画原作回国，在中央美术学院任教。1952年后，中央美术学院华东分院（现中国美术学院）、鲁迅美院等先后建立了铜版画工作室，并培养了第一代学生，为中国各大美术学院建立铜版画专业，起到了积极的作用。后来，更多的人加入铜版画的创作与理论研究行列，铜版画在中国才算真正发展起来。

63 铜　锁

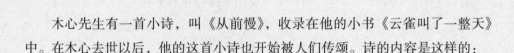

　　木心先生有一首小诗，叫《从前慢》，收录在他的小书《云雀叫了一整天》中。在木心去世以后，他的这首小诗也开始被人们传颂。诗的内容是这样的：

> 记得早先少年时
>
> 大家诚诚恳恳
>
> 说一句，是一句
>
> 清早上火车站
>
> 长街黑暗无行人
>
> 卖豆浆的小店冒着热气
>
> 从前的日色变得慢
>
> 车，马，邮件都慢
>
> 一生只够爱一个人
>
> 从前的锁也好看
>
> 钥匙精美有样子
>
> 你锁了，人家就懂了

　　在生活节奏飞快，人们已无暇欣赏周边风景的当今社会，这首小诗引起了人们对过去生活的无限向往。那种慢节奏的时光，人们才能够细细品味生活的真谛：清晨不会有太多人赶车，火车站也不像今天总是人头攒动；你会注意到路边那家卖豆浆的小店，而不会行色匆匆，只想着要办的事；人们做事都很有耐心，很惜物，连锁都做得很好看，钥匙也精美有样子……

　　铜锁，正是过去那种慢生活的代表物件之一，它样子或修长或圆润，颜色古朴，花纹精致，开与关的声音都很清脆，最能展现农耕时代文明的那种慢与闲——生活的乐趣尽在其中。在历史演进中，铜锁早已不单纯是锁门防盗的工具，其样式五花八门，同时又被赋予许多文化意义。我们常见的同心锁，就是丰富的锁文化的代表。

　　在世界各地流传着这样一种信仰，即两个相爱的人，将两把铜锁相互扣住再锁到一个有灵气的地方——一般是比较著名的旅游景点，那么他们的爱情就会像这对铜锁一样，永远地结合在一起。为什么是铜锁呢？在中国，这个很好解释：铜者，同也，是永结同心的隐喻。但外国为什么也会流行呢？这就不得其解了，看来年轻的恋人们，全世界都一样。让我们来看看世界上那些著名的"爱情锁在地"吧。

铜锁

　　笔者见过不少景点的同心锁，如泰山顶上玉皇庙内的锁，道教圣地三清山上的锁，而令我印象最为深刻的，还是黄山之巅护栏锁链上挂的那些锁。在黄山，除了高峰绝顶之处，几乎所有的护栏铁链上也都随处可见环环交扣的锁，不仅有两锁相扣的"同心锁"，还有大小不一、相互联结的"全家福锁"和大人为孩子系的"长命锁"。这里，尤以西海大峡谷的护栏上挂的锁最多，层层磊落，延绵不绝，甚为壮观。也难怪，谁叫这里风景绝美，又是黄帝炼过金丹的地方，大家都想沾沾灵气呢。

在国外，同心锁也随处可见。德国科隆的霍恩佐伦大桥围栏上，覆盖了两吨五颜六色的同心锁，挂锁的人恐怕要跨越几代人。由于锁太多太沉，以致大桥的管理方想要把它们拆卸掉，后来在公众的反对下才作罢。

韩国首尔南山公园首尔塔的观望台，是首尔市的最高点，这里到处挂满了同心锁。成千上万的情侣们来到这里挂上同心锁，并拍下这座城市的全貌。另外，还有一个"爱的邮箱"可供存放钥匙。

乌拉圭著名的同心锁喷泉，位于蒙得维的亚最繁华的街道之一，喷泉旁的牌子上写道："一对情侣把两个人名字的首字母印到一把同心锁上，把同心锁放到喷泉里，如果这对情侣能再一块回到喷泉边，他们的爱就能永远被锁住"。当然，很多情侣欣然照做。

来到意大利维罗纳，挂同心锁最好的地方莫过于罗密欧追求朱丽叶的那个阳台外的门，门上挂满了同心锁，且已被各种语言文字装饰过的墙围了起来。

同样是意大利，五渔村情人径的悬崖上被覆盖了金属丝，金属丝下悬挂了许多同心锁。这条情人径曾经是里奥马哲雷和马纳罗拉这两个渔村的情人约会之地，现把两村连接起来。

另外，莫斯科、伦敦、布拉格、佩奇等多国首都也都有挂满同心锁的地方。

这些分布各地的同心锁，是全人类对爱情共同的信仰。那么，它们与中国传统的锁有什么关系呢？它们都教人慢下来，慢下来才有心情去做这些浪漫的事，不要急着赶往下一站，在人生的路途上，"一生只够爱一个人"……

64 宣 德 炉

宣德炉是铜香炉的一种，由于其太过有名，以至于人们使用这一专有名词来称呼它。顾名思义，宣德炉得名于其诞生时的年号，它是由明宣宗朱瞻基在大明宣德三年参与设计监造的铜香炉，简称"宣炉"。为了制作出精品的铜炉，朱瞻基亲自督促，标准极为严格，整个制作过程，包括炼铜、造型必须有样可寻，有章可依。设计者需从古代文物经典以及内府密藏的数百件宋元名窑中，精选出符合适用对象、款式大雅的形制，将它们绘成图样，再呈给皇帝亲览，并说明图款的来源和典故的出处。经过皇帝亲自筛选确定后，还要先铸成实物样品让其过目，等一切满意后，方准开铸。一件香炉，竟由日理万机的一国之君亲自过问，这在历史上实属少见。也正因如此，宣德炉才得成其名，成为香炉中的珍品。

明代宣德皇帝在位时，为满足玩赏香炉的嗜好，特下令从暹罗国进口一批红铜，责成宫廷御匠吕震和工部侍郎吴邦佐，参照皇府内藏的柴窑、汝窑、官窑、哥窑、钧窑、定窑名瓷器的款式，及《宣和博古图录》《考古图》等史籍，设计和监制香炉。

为保证香炉的质量，吕震战战兢兢地禀告皇上，欲制造出好香炉，铜还得精炼六遍。炼一遍，少一些，六遍下来，原料只会剩下一半。宣德皇帝财大气粗，精品意识超强，他当即下旨精炼的次数不仅不减，还要翻番，炼到十二次，并加入金银等贵金属。于是工艺师挑选了金、银等几十种贵重金属，与红铜一起经过十多次的精心铸炼。经过巨大的努力，宣德三年，极品铜香炉终于制作成功。

这批红铜共铸造出3000座香炉，堪称空前绝后之作，宣德帝见到这批自己亲自过问的香炉，每只均大气异常，宝光四射，很有成就感。宣德帝将这些香炉其绝大部分陈设在宫廷的各个地方，也有一小部分赏赐和分发给了皇亲国戚，功名显赫的近臣和各个有规模、香火旺盛的庙宇。这些宣德炉普通百姓只知其名未见其形。经过数百年的风风雨雨，真正宣德三年铸造的铜香炉极为罕见。

宣德款铜熏炉

（故宫博物院藏）

大明宣德炉的基本形制是敞口、方唇或圆唇，颈矮而细，扁鼓腹，三钝锥形实足或分裆空足，口沿上置桥形耳或了形耳或兽形耳，铭文年款多于炉外底，与宣德瓷器款近似。

除铜之外，还有金、银等贵重材料加入，所以炉质特别细腻，呈暗紫色或黑褐色。一般炉料要经四炼，而宣德炉要经十二炼，因此炉质更加纯细，如婴儿肤。鎏金或嵌金片的宣德炉金光闪闪，给人一种不同凡器的感觉。

宣德炉最妙在色，其色内融，从黯淡中发奇光。史料记载有四十多种色泽，为世人钟爱，其色的名称很多。例如，紫带青黑似茄皮的，叫茄皮色；黑黄像藏经纸的，叫藏经色；黑白带红淡黄色的，叫褐色；如旧玉之土沁色的，叫土古色；白黄带红似棠梨之色的，叫棠梨色，还有黄红色的地、套上五彩斑点的，叫仿宋烧斑色；比朱砂还鲜红的斑，叫朱红斑；轻及猪肝色、枣红色、琥珀色、茶叶末、蟹壳青等等……明朝万历年间大鉴赏家、收藏家、画家项元汴（子京）说："宣炉之妙，在宝色内涵珠光，外现澹澹穆穆。"

宣德款栗褐色铜炉

（故宫博物院藏）

宣德炉放在火上烧久了，色彩灿烂多变，如果长时间放在火上即使扔在污泥中，拭去泥污，也与从前一样。

因为宣德炉如此精致，出品后大受欢迎。为了牟取暴利，从明代宣德年间到民国时期，古玩商仿制宣德炉的活动从未间断。就在宣德炉停止制造后，部分主管"司铸之事"的官员，召集原来的铸炉工匠，依照宣德炉的图纸和工艺程序进行仿造。这些经过精心铸造的仿品可与真品媲美，专家权威也无法辨别，至今国内各大博物馆内收藏的许许多多宣德炉，没有一件能被众多鉴定家公认为真正的宣德炉。真假宣德炉的鉴别竟成为中国考古学中的"悬案"之一。

宣德炉造型精美，自然受到文人雅士的追捧。明末清初江南著名文人冒襄，爱好品玩宣德炉，他写有《宣铜炉歌》《宣炉歌注》，及《宣铜炉歌为方坦庵先生赋》，"有炉光怪真异绝，肌腻肉好神清和。窄边蚰耳藏经色，黄云隐跃穷雕磨。"便是冒襄对宣德炉的描述。

正如《宣铜炉歌》里所歌："抚今追昔再三叹，怜汝不异诸铜驼。一炉非小关一代，列圣德泽相渐摩"，宣铜炉可说是明王朝全盛期的历史见证。另外，从冒襄的《影梅庵忆语》中可以得知，宣铜炉同时也寄托了冒襄对爱妾董小宛的思念之情。对冒襄来说，一个宣铜炉，既勾起了他对明王朝的故国之思，也勾起了他对董小宛的思念之情。可见，在国家兴亡更替之际，一个小小香炉，也承载着一段厚重的历史。

65 铜　锣

　　铜锣是日常生活中常见的，构造非常简单的打击乐器。有的以手直接握持加长的锣沿，有的是以绳子拴锣，挑在木棍上，以免影响震动。铜锣咚咚的声音可作乐器伴奏，但由于它发声比较单调，有时近乎喧嚣，则更常用于发出信号，召集观众之意。如若有表演需要吸引观众注意，表演者可先将铜锣敲响，告诉大家，这里有热闹可看，快来围观。对于喜欢清静的人来说，铜锣的声音太过吵闹，未必能享受得了，因此铜锣不太能够登上大雅之堂，但由于它接地气，又有强大的生命力。

　　清静的人受不了铜锣的聒噪，那么小鬼恐怕也受不了。因此，在中国传统风水中有一个说法，认为敲铜锣可以化"二黑五黄"，也就是可能会给人带来灾运的东西。铜锣一响，就能够消灾辟邪。风水先生的解释，是当敲锣的时候，锣的磁场是一层层地向外旋转地扩散，可以清洗整个地方的磁场。铜锣一敲下去，可以将整个地方的晦气，衰气全部化泄。这一说法未必有科学依据，但从心理学上来分析，锣的喧闹，是一种草根方式的喜庆、振奋，可以给人积极向上的暗示。当人们摆脱犹豫的阴暗的心态，像响当当的锣声一样生活时，自然能够把事情做好。至于有人将敲锣引申到挂锣，以为将铜锣挂在某处就可以辟邪，则是完全没有根据的臆想了。

　　如今，在城市里生活，除特定戏剧现场之外，已经很难听到锣声。而在乡下，铜锣还有很大的市场，耍猴的或表演杂技歌舞的人行走乡下时，常常敲响锣鼓，引来围观。在一些地区，铜锣甚至是重要的乐器。我国潮汕一带，在节日庆典之际，常常敲起铜锣。

　　在潮汕一带，流行抛铜锣，每逢春节期间，都会组织游行庆祝，人们穿着京剧戏服一样的装饰服装走在前面带路，后面跟着数十位由小伙子组成的抛锣队，人手一只铜锣，将锣敲得震天响。伴随着有节律的鼓点，他们整齐划一地将敲响的铜锣抛向空中数米高，然后又稳稳地接住。这样边走边敲边抛向空中，惊险刺激，热闹非凡。游行队伍到达一个地点后，抛锣队还会进行专项表演，他们将手中的铜锣在敲响的同时，两人对抛或者多人互抛，都能够稳稳接住。小伙子们为了将锣抛好，常常需要刻苦练习，掌握敲、抛和接的技巧，最好的抛锣手也是最受人们欢迎的人。抛铜锣的游行在一些地区每年必不可少，给春节增添了许多喜庆色彩。

抛锣活动

铜锣不仅在国内广为存在，在国外也大有市场。在印度尼西亚坦布南一带，许多人家都有铜锣，有的铜锣甚至是数百年前祖辈留传下来的，每逢重大活动才拿出来使用，平时都珍藏在箱子里或包好放在固定的地方。男子娶亲时，向女方赠送的聘礼中，铜锣也是必不可少的，这已经成了一种风俗。到了结婚的日子，左邻右舍的乡亲们自带铜锣前来贺喜。他们等候在新郎家的庭院里，新娘一跨进家门，便锣声四起，时急时缓，时强时弱，整个院子刹那间变得十分热闹。喜形于色的男女青年情不自禁地跳起了欢快的舞蹈，清脆的锣声和着欢乐的笑声，在夜空中荡漾。

更为奇特的是，某家的亲人去世，其亲属要在一两个钟头后即尸体凉下来后鸣锣，把噩耗传出去，让乡亲们都知道。锣点通常是两快一慢，连续敲击几小时，然后开始料理死者后事。按坦布南的风俗，第二天，亲属把尸体慢慢放进一口大缸，并盖上一面铜锣，然后才葬入墓穴中去。

象牙架挂铜锣

（中国国家博物馆藏）

在马来西亚沙捞越，人们迎接贵宾的仪式别具一格。贵宾通过的路上，不是铺着红地毯，而是用许多大小差不多的铜锣排成长长的一列，让贵宾赤脚踏着一个个铜锣走过。若是走得急些，用力大些，铜锣便会发出有节奏的声音，就像音乐家演奏乐曲一样悦耳动听。

铜锣甚至可以当作国礼赠送。在中国国家博物馆的国际友谊馆展区，展示着一面象牙架挂的铜锣，最宽72厘米，通高75.5厘米。这是1972年5月，索马里最高革命委员会主席西亚德赠给毛主席的。你看，铜锣也有登上大雅之堂的时候。

66 铜 铃 铛

铜铃最初是古代乐器的一种，属于金、石、丝、竹、匏、土、革、木八音之一的金属乐器。在重要场合，都可以听到铃的声音，《周礼·春官》有记载，所谓"大祭祀鸣铃以应鸡人。"古代铜铃除了用作乐器外，车上、旗上、犬马上都系铃。现今出荆州城西，顺荆州至马山公路北行，再折向西，离城约30里处，有一片连绵起伏八道冈的山丘，名叫八岭山。其中有一道山冈，像一个铜铃的形状，人们称之为铜铃冈。传说这道冈便是关公赤兔马脖子上挂的铜铃变的。

在历史上，铜铃还曾被用于军事目的。《新五代史·吴越世家》载，开平三年（910年），淮南节度使杨行密的儿子杨渥，派遣部将周本、陈章围攻苏州。吴越王派遣其弟锯镖率兵赴救。因为苏州水系发达，城河连通各方，淮军为了防止城内外有人潜水通风报信，就发明了一个妙招。他们在水下布置了网绳，网上系着铜铃，如果有人潜水触网，就将网提出水面，捞起潜水者。吴兵卒中有名叫司马福的，有智谋又会潜水，他先用一根大竹竿触网，使网上铜铃发声，淮兵听到铃声便把网举起，司马福随即潜水而过，进入城内约定内外夹攻的时日。后来，淮兵因此大败而走，"触网举铃"也因此成为以智取胜的典故。

铜铃还是佛教中重要的法器，有个固定的名称，叫"金刚铃"或"金铃"。金刚铃流行于全国各地佛教寺院，尤以西藏、内蒙古、青海、甘肃、四川、云南等省区盛行。

金刚铃一般由铃身、铃舌和铃柄三部分构成。铃身外形似钟，响铜铸成，圆口，边缘齐平，顶部和周身均饰有精美花纹图案。铃舌铜或铁制，呈棒槌形，悬挂于铃身内腔顶部。铃柄铜或银制，长于铃身，装饰繁缛，中部多铸有文殊菩萨头像，顶端多铸成中空结构。其柄呈金刚杵形，以柄之样式而有独股铃、三股铃、五股铃、宝铃、塔铃五种之别，称五种铃，与五种杵共置于修法大坛

金刚铃

上各相应位置。金刚铃的铃身和铃柄多是分开铸制，后用铜、锡焊接或铆接而成。

　　金刚铃是为督励众生精进与唤起佛、菩萨之惊觉所振摇之铃，即于修法中，为惊觉、劝请诸尊，令彼等欢喜而振摇之。铃声代表佛的善巧、方便，以及大慈大悲。它也有"觉醒者"之意，铃声能让有情众生在无明的睡梦中苏醒过来。众生因无明执着而致轮回不已，贪嗔痴三毒由是而生，故用铃声警觉之。挂在佛教寺庙、佛塔等建筑之上的铜铃也很普遍，它们迎风振动，叮叮当当，悦耳动听。而对于妖魔来说，则能使它们心烦意乱，胆战心惊，头痛欲裂，不敢靠近。

67 铜 灯

　　2015年，海昏侯墓的发掘是中国考古界的一件大事，出土的无数珍贵文物牢牢抓住了人们的眼球。其中有一件铜雁鱼灯，造型生动，设计巧妙，让人们感到惊喜。整盏灯由雁首颈（嘴里含着一只鱼）、雁体、灯盘、灯罩四部分套合而成，灯罩设计为两片弧形板，可左右转动开合，既能挡风，又可调节灯光亮度。鱼和大雁的身体都是空心的，点燃灯油或白蜡后产生的油烟被灯罩挡住，

铜雁鱼灯

（海昏侯墓）

不能乱飞，只能向上进入雁和鱼的体内。有专家推测，古人在雁腹中注入了一些清水，烟尘可溶入水中。此外，雁鱼灯的四个部分均可自由拆装，以便揩拭和清理烟尘。雁，在我国古代是一种信鸟，多用于缔结婚姻的纳彩或大夫相见时的礼品。"鱼"与"余"同音，是丰收富裕的象征，因此这种装饰题材寄托了当时人们追求美好、富裕生活的愿望。而像飞雁衔鱼这样的装饰题材，早在新石器时代的彩陶上便已出现，到汉代时尤其多。

实际上，这已不是铜雁鱼灯第一次出土。1985年山西省朔县照十八庄也曾出土过一件雁鱼灯，现藏于中国国家博物馆。此件彩绘雁鱼青铜釭灯，设计理念与海昏侯墓中出土雁鱼灯大致相同，装饰较海昏侯墓中出土的雁鱼灯更加华美。这只铜灯的雁额顶有冠，眼圆睁，颈修长，体宽肥，身两侧铸出羽翼，短尾上翘，双足并立，掌有蹼。雁喙张开衔一鱼，鱼身短肥，下接灯罩盖。雁冠绘红彩，雁、鱼通身施翠绿彩，并在雁、鱼及灯罩屏板上，用墨线勾出翎羽、鳞片和夔龙纹。

汉代的青铜灯具形式多样，铸造工艺精巧实用，造型多取祥瑞题材，如雁足灯、朱雀灯、牛灯、羊灯、连枝灯等。雁鱼灯是其中的一种。例如，以牛为造型的"敕庙"铜牛灯也颇为有名。此灯1949年出土于长沙桂花园，以牛为灯形，牛角中空，上与一带喇叭状罩的圆管互相扣合，喇叭口正对牛背上的灯盘，牛腹中空，可盛水，点灯时，烟可由罩口进入圆管，再经牛角处进入盛水的腹中，保持了室内的清洁卫生，是较早的环保灯之一。灯盘和喇叭状罩之间置有灯罩，既可挡风，也可调整灯光的照射角度。牛腹部右侧铭文为："敕庙牛镫四，礼乐长监治"，此灯为主管礼乐的长官为长沙王宗庙监造的灯，铸造精良，是汉代灯具中的精品。

然而，要说到汉代最著名的青铜灯，则非长信宫灯莫属。长信宫灯于1968年在满城中山靖王刘胜妻窦绾墓出土，通体鎏金，高48厘米，重15.85千克。宫灯的整体造型是一个跪坐着的宫女双手执灯，由头部、身躯、右臂、灯座、灯盘和灯罩6部分分铸后组装而成。宫女体中是空的，头部和右臂可拆卸。宫女的左手托住灯座，右手提着灯罩，右臂与灯的烟道相通，以手袖作为排烟炱的管道。宽大的袖管自然垂落，巧妙地形成了灯的顶部。灯罩由两块弧形的瓦状铜板合拢后为圆形，嵌于灯盘的槽中，可以左右开合，这样能任意调节灯光的照射方向、亮度和强弱。灯盘中心和钎上插上蜡烛，点燃后，烟会顺着宫女的袖管进入体内，不会污染环境，可以保持室内清洁。宫灯的造型构造设计合

山西省朔县出土铜雁鱼灯

（中国国家博物馆藏）

理，许多构件可以拆卸。灯盘有一方錾柄，内尚存朽木，座似豆形，灯罩上方残留少量蜡状物，经推测宫灯内燃烧的物质是动物脂肪或蜡烛。灯上刻铭文九处，内容包括灯的重量、容量、铸造时间和所有者等。因刻有"长信尚浴"字样，故名"长信宫灯"。宫灯表面没有过多的修饰物与复杂的花纹，在同时代的宫廷用具中显得较为朴素。

汉代留下来的青铜灯，是古代灯具中的精美之作，使我们有机会窥见汉代人的大气和灵巧。那些微弱的汉家灯光，曾照亮了一个帝国的辉煌。

68 青铜时代

在希腊神话中，人类历史被分为五个时代，分别是黄金时代、白银时代、青铜时代、英雄时代和黑铁时代。每个时代的人都由神创造出来，性格气质相互不同，也过着不同的生活。

在黄金时代，大地四季如春，温暖的气候带来了似锦的繁花和累累的硕果，繁茂的草地上繁衍生息着成群的牛羊。这代人无须劳动，却衣食无忧，也没有苦恼和悲伤，生活如同神仙一样逍遥自在。黄金时代的人们虔诚听从神的旨意，享受着神赐予他们的无尽美食与快乐，拥有强壮的身体和伟大的力量，他们也从来不用担心疾病与死亡。当他们度过漫长幸福的一生后，会满足地离开人世，灵魂则变成精灵在云雾中来去。

黄金时代结束后，便是白银时代。白银时代的人们与第一代人迥异，他们从小受到母亲的溺爱，娇生惯养，行为举止放肆幼稚，年龄的增长也并不能让他们获得心理和性格上的踏实稳重。他们害怕黑夜，害怕外面的世界，喜欢哭闹，心灵极其脆弱，不愿承担任何社会责任，没有任何忍耐的意志，是永远也无法成长成熟的巨婴。他们缺乏理智，乖戾任性，为所欲为，不再听从神的安排，也不再给神献祭牺牲。宇宙之神宙斯最终无法容忍白银时代人们的蠢行，决心将他们消灭。他们的生命结束后，灵魂便在地面上散漫游荡。

神创造的第三代人，便是青铜时代的人类。青铜人类不愿去做精细费力的蔬果采集，而只愿吃飞禽走兽的肉，因此身体异常高大壮实、精力充沛。相比前两代，他们的武器更先进了。他们抛弃了石头，一切器具都用青铜制造。他们的刀枪是青铜的，房屋是青铜的，就连日用农具也一律是黑黝黝闪光的青铜。他们性格残忍粗暴，以相互厮杀为乐，喜欢在战争中抛洒热血，无所畏惧。由于他们自恃勇力，自然也不把天国之神放在眼里，对神多有冒犯。

世界的主宰宙斯不断地听到这代人的恶行，他决定扮作凡人降临到人间去查看。他来到人间后，发现情况比传说中的还要严重得多。一天，快要深夜时，他走进阿耳卡狄亚国王吕卡翁的大厅里，吕卡翁不仅待客冷淡，而且残暴成性。宙斯以神奇的先兆，表明自己是主宰万物的神。有人因恐惧而跪下来向他顶礼膜拜。但吕卡翁却不以为然，对他们嗤之以鼻。这位青铜时代的国王为了证明自己判断的正确，便在心底盘算趁宙斯半夜熟睡的时候将他杀害。而在这之前，他首先悄悄杀了一名别国送来的人质。吕卡翁让人剁下人质的四肢，扔到沸水里煮，又将其余部分放在火上烤，以此作为晚餐献给陌生的客人。宙斯目睹这一切后，被彻底激怒，从餐桌上跳起来，唤来一团复仇的怒火，投放在这个不仁不义的国王的宫院里。国王惊恐万分，想逃到宫外去。可是，他发出的第一声呼喊就变成了凄厉的嚎叫，他身上的皮肤变成粗糙多毛的皮，双臂变成了两条前腿，从此吕卡翁成了一只嗜血成性的恶狼。

宙斯回到奥林匹斯后，与诸神商量，准备根除这一代可耻的人。他起初想用闪电惩罚整个大地，但又担心宇宙之轴会被烧毁而殃及天国。于是，他放弃了这种粗暴报复的念头，决定猛降暴雨，改用洪水灭绝人类。他命令南风扇动湿漉漉的翅膀扑向地面，大地顿时雾霭紧布，乌云满天，暴雨倾盆。海神波塞

希腊神话中大洪水后的场景

冬也不甘寂寞，急忙赶来帮着破坏，他把所有的河流都召集起来，让它们掀起巨浪，冲破堤防，漂没房舍，淹毙人畜。在诸神惩治之下，大地一片汪洋，青铜时代便就此终结，而淹死之人，也无一例外地被投入地狱。人类随后便进入英雄时代和黑铁时代。

实际上，希腊神话中青铜时代的传说并非完全子虚乌有，而是对其早期历史某一阶段加入想象后的叙事。考古资料表明，早在公元前3000年左右，分布在爱琴海及周边区域的古希腊文明，先后由石器时代进入青铜时代，以克里特岛的米诺斯文明和爱琴海上的基克拉底文明较早进入青铜时代为始，到希腊半岛上迈锡尼文明的结束为终，其间都属于希腊历史上的青铜时代。关于这一历史阶段的史实目前也只能通过有限的考古资料窥探吉光片羽。至于为何把历史上青铜时代的人类神话为热爱战争的一群人，就只有创造这些神话的人知道了。

克里特文明遗迹

69 达那厄与铜密室

在俄罗斯圣彼得堡艾尔米塔什博物馆的展览室内，珍藏着一幅著名荷兰画家伦勃朗的名画《达那厄》。在画面中，一个名叫达那厄的美丽少女，半躺在床上，眼神里充满着紧张的期待，似乎在迎接谁的到来，她周围则布置着铜制的灯具、丘比特雕像等装饰物，远处有一位老妇人站在黑色的帷幕边，脸上露出神秘的微笑，而帷幕之外又似乎在闪烁着金色的光芒。意大利著名画家提香也曾以此为题材作过《达那厄接受金雨》的画作。那么达那厄究竟是谁，以至于

伦勃朗笔下的达那厄

两位大画家都以她为题材创作？画中的她在期待着什么？她的屋子里为什么有许多铜饰？她为什么会在这里？帷幕后为什么会有金色的光？这一切，还要从一则希腊神话故事说起。

相传阿尔戈斯的国王阿克里西俄斯占卜得到神谕，说他将来必定死在外孙的手中，这使他很恐惧。为了逃避不幸，阿尔戈斯王专门造了一座铜塔，把未出嫁的女儿达那厄关在塔内，让她与世隔绝，并指派一位老妇人监护她，想用这种方法阻止可能夺其性命的外孙的出世。天神宙斯巡游时，透过塔窗发现美丽的达那厄，一见倾心，此后常化为一道金光来与达那厄相会。宙斯每次在进塔与达那厄约会前，都会在老妇人所能看到的远处变成一阵黄金雨落下，吸引她跑去捡拾。就这样，达那厄不久便怀孕并生了一个健壮的男婴，取名珀尔修斯。

阿克里西俄斯得知后，怕神谕应验，就将达那厄母子二人装在一个箱子里扔到海中。宙斯在海神波塞冬的帮助下，力保他们母子二人平安。他们最终漂流到塞里福斯岛上，在那里被渔人狄克堤斯收养。狄克堤斯是国王波吕得克忒斯的兄弟。波吕得克忒斯见到达那厄后，也为她的风姿所吸引，就经常向达那厄献殷勤，希望讨取她的欢心，但达那厄受到狄克堤斯和日渐成长为英雄的儿子珀耳修斯的保护。

波吕得克忒斯一心想把珀尔修斯送走，以防他破坏自己和他母亲的好事。珀尔修斯早已看穿了他的嘴脸，时时提防着他。在波吕得克忒斯举办的一次宴会上，珀尔修斯主动提出给前者送一样礼物，而波吕得克忒斯不怀好意地要求得到美杜莎的脑袋。当时大家都知道，美杜莎是一个极难对付的妖怪，谁若看她一眼，就会立刻化成石头。波吕得克忒斯以为这样就会吓退珀尔修斯，显示他不过是胆怯的懦夫，倘若后者贸然应允，也必定是凶多吉少，有去无回。

珀尔修斯没有畏惧，整理好行装便上路了。在诸神的引导和帮助下，他机智勇敢地割下了美杜莎的头颅。当珀耳修斯顺利回到家时，波吕得克忒斯却不相信珀耳修斯成功了，因此珀耳修斯给他看美杜莎的头，结果波吕得克忒斯立刻就变成了一块石头。他的兄弟狄克堤斯成了新的国王。

珀尔修斯从母亲那里知道了自己的身世后，便去阿尔戈斯寻找祖父阿克里西俄斯。老国王听说了外孙的英雄事迹后，感到欣慰，对于多年前的神谕也就不太在意了，愉快地接纳了珀尔修斯。然而，在一次体育比赛时，珀尔修斯投出的铁饼却在无意中杀死了阿克里西俄斯，最终应验了神谕。珀尔修斯因此难过地离开了阿尔戈斯，来到梯林斯，后来成为那里的王。

在希腊神话传统套路中，神谕往往具有不可违抗的决定力，会使事情最终一一应验。老国王阿克里西俄斯费尽心机制造一座看起来固若金汤的铜塔将女儿关起来，却难以阻碍外孙珀尔修斯的降生，当他最终接纳了这位英雄少年，却没想到会以意外的方式死在他的手下。这不禁令人惋惜，也使伦勃朗、提香等大画家燃起创作的欲望：那画中达那厄期待的人显然就是宙斯，而金色光芒便是宙斯的化身，铜制的饰品则暗示铜制密室，老妇脸上的微笑，则应是欲捡拾金子的贪婪。他们分别用画笔讲述了故事发端时的场景。

提香笔下的达那厄

社会学家和人类学家的研究则揭示了这个神话可能的现实起源。他们认为，密室囚禁少女的故事，实际上是反映了原始社会对妇女月经的禁忌。19世纪的西方学者发现在美洲、非洲和澳大利亚的落后民族中普遍存在将初潮到来的少女以禁闭的方式与社会隔离的现象，目的是防止其他人受到经血中含有的超自然力量的伤害。那么，达那厄的铜塔或许正是古代人们根据当时的认识和信仰所创作的寓言神话。

70 金铜仙人

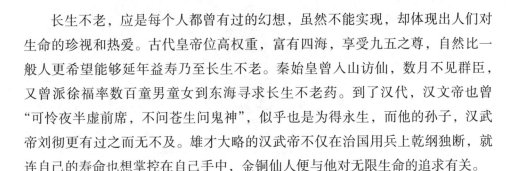

　　长生不老，应是每个人都曾有过的幻想，虽然不能实现，却体现出人们对生命的珍视和热爱。古代皇帝位高权重，富有四海，享受九五之尊，自然比一般人更希望能够延年益寿乃至长生不老。秦始皇曾入山访仙，数月不见群臣，又曾派徐福率数百童男童女到东海寻求长生不老药。到了汉代，汉文帝也曾"可怜夜半虚前席，不问苍生问鬼神"，似乎也是为得永生，而他的孙子，汉武帝刘彻更有过之而无不及。雄才大略的汉武帝不仅在治国用兵上乾纲独断，就连自己的寿命也想掌控在自己手中，金铜仙人便与他对无限生命的追求有关。

　　古人相信大自然的露水是天地灵气凝结而成的祥瑞之物，具有特殊的功效。汉代就曾流传过一个故事，说是东方朔外出游玩，遇到玄黄青露，就将其采集到器皿中，献给汉武帝。武帝将露水遍赐群臣，凡是品尝了仙露的人，都返老还童，生病的都痊愈了。这反映了汉代人们的普遍心理，认为服用甘露就可以祛病益寿。之后，汉武帝为了采集到更多的甘露，就下令在长安城的建章宫建造承露盘。承露盘被一个铜铸的人像双手托举过头顶，而铜人又伫立于高二十丈，七人合抱之粗的铜柱之上。这位举着承露盘的人便是金铜仙人，汉武帝用金铜仙人所收集的甘露，和着磨碎的玉屑服用，以期长生不老。然而，事实证明这不过是汉武帝的美好愿望而已，他最终在六十九岁那年驾崩。

　　汉家失国后，有人对曹操的孙子、魏明帝曹叡说，汉代有二十四位皇帝，只有汉武帝享国最久，在皇帝中算是很长寿的，这可能就得益于他时常服用甘露，因此建议他将长安的承露盘移到当时的魏国国都洛阳，也仿效汉武帝收集甘露饮用。魏明帝闻后大喜，命令这位建言的大臣带人星夜赶往长安，拆取铜人，移置洛阳。

　　大臣领命后，带领一万人来到长安，在承露盘所在的铜柱周围搭起木架，顷刻就有许多人借助绳索攀援到柱顶。大臣指挥人们开展拆取工作，当几个人

北京北海公园内的金铜仙人承露盘雕像

合力将铜人拆下时，发现铜人眼中潸然泪下，众人感到十分惊恐。这时，柱下忽然刮起一阵狂风，飞沙走石，急若骤雨，突然一声巨响后，铜柱倾倒，压死多人。大臣让人将铜人和承露盘运回洛阳，献给魏明帝。明帝问铜柱在哪里，大臣说铜柱重百万斤，没有办法运到。明帝于是命人将铜柱打碎，运至洛阳，铸成两个铜人，号作"翁仲"，放置在司马门外，又铸造了两个龙凤，龙高四丈，凤高三丈，立在殿前。据说铜人移至洛阳后，依然经常泪流不止，似乎是在表达对故土长安的眷恋。

晚唐诗人李贺因病辞职由京师长安赴洛阳时，感念国事衰微，社会危机四伏，忧及未来，想到了汉代的覆亡和金铜仙人的命运，就创作了《金铜仙人辞汉歌》。在这首诗歌中，他构想了金铜仙人和承露盘被运往魏都时的场景，让人感到无限悲凉。诗中写道：魏国官员驱车载运铜人，直向千里外的异地，刚刚走出长安东门，寒风直射铜人的眼珠里。只有那朝夕相处的汉月，伴随铜人走出官邸，怀念起往日的君主，铜人流下如铅水的泪滴。枯衰的兰草为远客送别，在那通向咸阳的古道。上天如果有感情，也会因为悲伤而变得衰老。独出长安的盘儿，在荒凉的月色下孤独影渺。眼看着长安渐渐远去，渭水波声也越来越小……

自汉武帝至唐朝末年，已近千年，金铜仙人托举承露盘所采的甘露并未能让一人得到永生，而铜人因别离故国所流的泪却让人铭记，亦足以反映古代人们观念中亡国之伤和失国之痛。

71 铜佛异闻

相传川藏交界地区有一位虔诚的修行僧人，名叫阿增贡巴。他每日艰苦修行，一心向佛，曾经冒着风雪，翻过高山深谷，前往印度求经问道。一天，阿增贡巴来到印度的某个寺庙，得到当地佛僧赠送的铜质佛像三尊。每尊佛像高约五尺，妙貌庄严，阿增贡巴十分高兴，于是就迫不及待地要背负着佛像返回中国。

川藏交界地区常见的佛寺

当阿增贡巴走出了印度，来到西藏拉萨时，一个铜像忽然变大，有一丈多高，沉重无比。阿增贡巴没办法搬动它，只好任凭它留在原地，背负着剩下的两尊铜佛像继续前行。当他走到丹达山麓时，另一个佛像也像前一尊那样忽然变大。阿增贡巴无奈，只好将它舍弃，背着剩下的最后一尊佛像继续前行。他想，前两尊佛像驻留的地方，可能是佛法圣地，冥冥之中自有定数，自己身上的这尊铜像一定能够背回家乡奉养，应该不会再有变数了。

然而，当阿增贡巴历经艰险，刚刚踏入川藏交界地区时，所剩下的最后一尊佛像又如前两尊一样忽然变大，一丈多高，难以再移动。阿增贡巴只好任它留在山麓，怅然若失地返回了家乡。好在这尊铜像的停留地离阿增贡巴的家乡并不算十分遥远，他能经常回来供奉佛像。当地的居民又为佛像修建了庙宇。佛像择地而居的故事很快不胫而走，使得远近之人争相前来瞻仰，一时间庙里香火大盛。

清朝初年，名将岳钟琪平定金川时，率军路过这里。士兵当时都很饥饿，便就地起灶，生火造饭。正堆柴生火时，忽然有人惊叫道，铜佛像身上起疥疤了！大家听后很感诧异，急忙跑去观看，只见铜佛身上开始起水痘，似乎是得了麻子。消息传出去后，各地人纷纷前来，从铜像身上剥去铜痘，回家给孩子治疗天花，效果明显，无不痊愈。

此后藏族民众生天花，不用种牛痘也安然无恙，人们引以为奇。

72 《西游记》中的铜制宝物

在中国古代神魔志怪小说中，少不了各色各样的仙家宝贝，它们神通广大，法力无穷，往往能在关键时刻克敌制胜。列身四大名著的《西游记》无疑是其中记述宝物最多的古代小说。孙悟空的金箍棒，观音菩萨的玉净瓶，哪吒的混天绫，铁扇公主的芭蕉扇，更有太上老君的炼丹炉炼出的各种神奇宝贝，连天庭私自下凡作怪的动物也免不了偷走主人的幌金绳。这里我们要讲一讲那些与铜有关的宝物。

《西游记》中出现次数较多的宝物是紫金宝物，有紫金钵盂、紫金铃和紫金红葫芦等。天然状态下的紫金矿，中土少有，多见于俄罗斯，它一般是指综合铜、金、铁、镍多种元素制成的合金，在古代亦可能就是指紫铜制品。

先说第一件，紫金钵盂。这件宝贝是唐太宗李世民钦赐给唐僧取经路上用于化缘取水用的器皿，相当于今天的碗。它是唐僧不可或缺的日常用具，与锦襕袈裟、九环锡杖并称三宝。唐僧师徒三人历经磨难，终于到达大雷音寺，拜见了佛祖，跟随使者领取了经书，后来发现经书上竟空无一字。孙悟空告到如来那里，如来并没有责怪颁经使者，而是说"不能让后人没钱使用"，意思是要缴纳一些办公经费，用于佛国日常开销。唐僧心领神会，忍痛舍爱将唐王钦赐的紫金钵盂献于阿傩、伽叶，方才取得真经。这一环节寓意深刻，但一只紫金钵盂，便换来几百部经书，也足见其贵重。

第二件宝贝紫金铃，本是太上老君在八卦炉内炼成的神器，后来赠予观音菩萨。菩萨将这只铃铛挂在坐骑金毛犼的胸前，作一件饰物。金毛犼偷偷带着紫金铃下界为妖，自称"赛太岁"，挡在唐僧取经的路上，要拿唐僧肉吃。孙悟空与金毛犼缠斗，吃尽了紫金铃的苦头。这只铃铛，晃一晃，射出毒烈火焰，所及之处一片焦烂；晃两晃，喷出青红白黑黄五色烟雾，熏得走兽皮开，飞禽羽光，扑面而来，令孙悟空躲闪不及；晃三晃，飞沙走石，毒沙三百丈滚滚而来，钻入眼睛鼻孔，凡人顷刻毙命。金毛犼凭借紫金铃的威力竟在打斗中占了上风。后来孙悟空变幻模样，将紫金铃骗到手，给金毛犼换了个假的，才让攻守易势，最终降服了这个难缠的"寒太岁"。

紫金钵盂

　　第三件宝贝紫金红葫芦，也是太上老君的宝物。相传在混沌初分，天开地辟时，昆仑山脚下有一缕仙藤，藤上结着个紫金红葫芦，太上老君便摘来用于盛放炼成的仙丹。这件宝贝威力极大，只要叫上敌人的名字，骗他答应，就能将其立即吸入葫芦内，一时三刻便化为脓水。这宝物却被太上老君看管炼丹炉的银灵童子悄悄偷走，下界化为银角大王，捉走了唐僧。孙悟空向银角大王索要师傅，只见对方拿出这只葫芦，叫了声"孙行者"。悟空哪知葫芦的厉害，便应了一声，立刻被吸入葫芦。葫芦里又闷又热，喷出三昧真火，幸好悟空也曾在老君炼丹炉里炼过，才幸免于难。后来悟空施计逃出，同样是来个以假换真，拿着真葫芦将妖怪降服。

　　铜是道教炼丹炉中常见的金属，太上老君的铜制宝贝，自然威力无穷。孙悟空纵有铜头铁臂，遇到紫金神器，也不免遭罪几回。

73 僧人铸钟

钟是寺庙的贵重之物，也是重要的佛教法器。历史上许多著名的诗句都会写到寺庙与钟声。"不是香积寺，数里入云峰。古木无人径，深山何处钟……""姑苏城外寒山寺，夜半钟声到客船。""苍苍竹林寺，杳杳钟声晚"等等，都是大家耳熟能详的诗句。在佛教教义中，钟声不仅可以报时辰、集僧众，还可以断烦恼、长智慧、增福寿、脱轮回、成正觉，有寺必有钟。因此，铸钟也成了积德造福之事。

佛寺的钟

一本由明代达观真可大师表述、憨山德清和尚校对的《紫柏老人集》里，就记载了一个和尚铸铜钟的故事。相传有一位僧人曾发愿造一口大铜钟，但并无现成的钱财，铸铜钟的材料要靠化缘得到。僧人某次刚出山门，偶遇一个贫穷的妇人。妇人问他要去哪里，僧人说要去乞讨碎铜，用来铸钟。这位衣衫破旧的妇人听后，信手从身上掏出一枚残损的铜钱，布施给僧人，希望也尽一份自己的绵薄之力。僧人勉强接受了妇人的一文铜钱，内心却嫌弃它太轻微，走几步后就顺手将它扔进了山寺旁边的河中。

几年后，僧人已经收集到足够的铜，就开始了铸钟的工作。他将碎铜熔化后，倒进铸钟的模型，待冷却后钟成，僧人十分高兴，仔细端详钟体，却发现铜钟的最顶端竟然有一个铜钱大的孔。他于是将铜钟熔化后重铸，而新铸的钟在同样的位置依然有个小孔。僧人这样反复铸了七次，都没办法将那个小孔消除掉。僧人对此十分恼怒，他想，我几年来不辞辛苦收集碎铜，又反复七次熔铜铸模，不可谓不虔诚，然而钟孔却怎么都没办法消除，如果再铸后仍然是这样，我不惜跳进铜水，熔化自己，也要把钟铸圆满。

这时有一位高人路过山门，听说了僧人铸钟的经过。他对僧人说，你铸钟之所以无法圆满，是因为你最初丢弃了施主虔诚心念的布施。僧人熟思良久，恍然大悟，忆起了自己当初因为嫌弃贫贱妇人的一文钱，将其丢进河中的事。于是他立即跑到山下，将河水阻断，从淤泥中挖出了那枚残缺的铜钱。回来后，僧人再次将带孔的钟熔化为铜水，而后将那一文铜钱扔进铜水中，又将铜水倒入模型中。这次，铜钟果然完满无缺，僧人终于大功告成。

一位贫穷妇人的无心之施，竟成了铸钟的关键，正应了佛教所讲的缘。哪怕是一文钱，对千斤重的铜钟而言可谓九牛一毛，而它代表的却是一种信念，僧人嫌其微薄，将它丢弃，也就丢了施主的信心和信念，才引来此后的几番波折。

74 铜陵金牛洞

或许你会好奇，金银铜铁等矿藏深埋地下，不见天日，地质勘探队员又没有火眼金睛，是如何在漫无边际的山野间发现它们的呢？事实上，勘探队员们除了用地质科学理论推导判断，用现代探测仪器探测外，还经常留意古人采矿遗址，那里往往蕴藏着地下矿产的重要线索。古人的采掘技术有限，在他们采掘遗址的更深之处或周围更广的区域内，很容易发现新的宝藏。有着中国古铜都之称的铜陵，在古代就有悠久而发达的铜矿采掘和冶炼历史，因此也在铜陵的山山水水之间留下遍地开花的古矿坑。这为地质队员们寻找矿产提供了便利。其中最为著名的一个古矿坑遗址，就是位于现铜陵市义安区顺安镇凤凰村一处小山的山腰间的金牛洞古采矿场。

关于金牛洞遗址，铜陵一直流传着一个美丽的传说。相传曾经有一只神牛自天庭私自下凡，看到长江南岸一处地方漫山遍野开满了芍药，到处鸟语花香，山下溪水潺潺，竟比天上的仙境更加迷人。神牛漫步花间，怡然自得，竟萌生留意。这时忽闻天帝在呼唤自己，神牛不肯返回天庭，便缓缓遁入山中，全身各部位分别化为金银铜矿，与山融为一体。这座山，便是铜陵的凤凰山。后人把凤凰山古采矿遗址命名为金牛洞，金牛洞就是传说中金牛入山之处。

金牛洞古采矿遗址和周围其他古矿坑对于凤凰山铜矿的发现，起到了很大的帮助作用。早在新中国成立之初，321地质队普查小分队来到凤凰山地区做矿产普查时，就注意到这里的古矿坑遗址，想见其在古代采铜的盛况，便推测地下还有更多的矿床，决定继续做工作。后来经过连续的普查和研究，于1959年在凤凰山药园山的位置通过钻探发现了深埋地下的铜矿体，1962年便进入勘探阶段。凤凰山的虎形山和万迎山也都发现了矿床。药园山的矿床在1965年完成勘探，探得各级铜矿储量33万吨，伴生大量金银铁钼钴等矿。铜陵有色金属公司根据勘探报告设计了铜矿开采方案，每天可以处理矿石6000吨。与古人在

铜陵凤凰山

金牛洞的采掘相比，古人只能算抓到了个牛尾巴，而321队的地质队员和勘探专家则是通过努力，把整个大铜牛从凤凰山里赶了出来。

金牛洞古采矿遗址为现代矿床勘探提供了线索，这在铜陵矿产勘查史上只算是一个较为普通的案例。金牛洞的价值远不止于此，它还给我们直观地呈现了古人的铜矿采掘方式，让我们了解了当时的采矿技术水平。

考古学家根据金牛洞中遗留的生活用具判断，它最早可能出现在春秋时期，最晚也应该在汉代就已出现。从清理出的金牛洞古代采矿井巷结构和采掘生产工具来看，当时的采矿活动最初应是露天开采，再沿着矿脉凿开继续深掘。专家们清理出的竖井、平巷、斜井都是木支撑结构，这是采矿时挖掘的地下通道，用于运输矿石，行走劳力或通风。巷道两侧及顶棚用木棍、木板护帮，有的用竹席封顶，这些工程则是为了生产安全，防止发生坍塌事故。采矿方式是由下而上，水平分层开采，这是古人采矿最常见的方式。矿井中除发现铜凿、铁斧、铁锄、竹筐、木桶等一批采掘工具外，还发现了大量木炭屑，估计当时的工匠们已掌握了"火爆法"采矿技术，就是用炸药先把坚硬的矿石炸碎，然后开采起来便会节省力气。总之，金牛洞直观生动地反映了古人采矿的场景。

现在金牛洞古采矿遗址已在国家文物部门和铜陵地方政府的共同努力下，

金牛洞古矿坑遗址

经过修复后对八方游客开放，成为当地著名的景点之一。通过精心设计的展览，使金牛下凡的传说与古人采掘文明和现代勘探历史相融合，展现了铜陵古铜都的风韵。

75　干将与莫邪

　　春秋战国时期，剑是重要的作战武器。最为锋利而贵重者，往往是以铜为主要原料的合金锻造而成的。中国历史上由此也衍生了许多关于宝剑的传说。其中最为后世熟知的，恐怕是干将、莫邪铸剑的故事。汉代刘向所作的《烈士传》和《孝子传》，以及东晋干宝所作的《搜神记》里都有记载。

　　相传楚国的能工巧匠干将和莫邪夫妻二人给楚王铸造宝剑，三年才铸成。楚王很生气，想要杀死他们。夫妻二人炼成的宝剑有雌剑和雄剑。干将的妻子身怀有孕将要分娩，丈夫便对妻子诉说道："我们替楚王铸造宝剑，三年才铸成，楚王生气了，我一去他必定会杀死我。你如果生下的孩子是男孩的话，等他长大成人，告诉他：'出门望着南山，松树长在石头上，宝剑在树的背后。'"随后就拿着一把雌剑前去觐见楚王。楚王非常愤怒，命令人来察看宝剑，那人回楚王说："剑原有两把，一把雄的，一把雌的，雌剑送来了，而雄剑却没有送来。"楚王发怒，便把干将杀死了。

　　莫邪的儿子名叫赤，渐渐长大成人，询问其母："我的父亲究竟在哪里呀？"母亲说："你的父亲给楚王制作宝剑，用了好几年才铸成，可是楚王却动怒，杀死了他。他离开时曾嘱咐我：'告诉咱们的儿子，出门望着南山，松树长在石头上，宝剑在树的背后。'"赤听后急欲出门，忽见屋堂前面松木柱子下边的石块可疑，就用斧子劈破它的背后，得到了雄剑。赤便日思夜想地要向楚王报仇。

　　一天，楚王在梦中恍惚看到一个男儿，双眉之间有一尺宽的距离，相貌出奇不凡，并说到定要报仇。楚王惊醒后，立刻命人以千金悬赏捉拿梦中长相的男子。赤听到这个消息后，逃亡而去，躲入深山，常常痛哭悲歌。有一个侠客路过时，听到歌声心中不是滋味，循歌声找到并问他说："你年纪轻轻的，为什么痛哭得如此悲伤呢？"男儿说："我是干将、莫邪的儿子，楚王杀死了我的父亲，我想要报这杀父之仇。"侠客说："听说楚王悬赏千金购买你的头，拿你的头和剑来，我为你报这冤仇。"男儿说："太好了！"说罢立即割颈自刎，两手捧着自己的头和雄剑奉献给侠客，自己的尸体僵直地站立着，死而不倒。侠客说："我不会辜负你的。"这样，尸体才倒下。

　　侠客拿着男儿的头前去觐见楚王，楚王非常欣喜。侠客说："这就是赤的头，应当在热水锅中烧煮它。"楚王依照侠客的话，烧煮头颅，三天三夜竟煮不烂。头忽然跳出热水锅中，瞪大眼睛非常愤怒的样子。侠客说："这男儿的头煮不烂，请楚王亲自前去靠近察看它，这样头必然会烂的。"楚王随即靠近那头。侠客用雄剑砍楚王，楚王的头随之落在热水锅中；侠客随后又砍掉自己的头，头也落入热水锅中。三个头颅全都烂在一起，不能分开识别，众人于是将汤与骨肉分成三份，各自埋葬。

传说中干将和莫邪的练剑处

　　《搜神记》里的这个故事当然是怪异小说，不足为信，主要是想通过一双宝剑为主线，歌颂赤为父报仇的孝顺行为。明代冯梦龙在《东周列国志》中关于这个故事则有不同的记载。冯梦龙所讲的故事中，只有铸剑的环节，没有复仇之事。该书记载，令干将、莫邪铸剑者为吴王，夫妻二人久铸不成，莫邪跳入炉中，以身殉剑，终于使两把宝剑炼成。干将把莫邪剑献于吴王，私自留下干将剑。此事被吴王察觉，令人来干将处索取另一把宝剑，若不得，则杀之。干将知使者来，取出宝剑，一道青光从剑鞘闪出，宝剑变化为龙，干将乘龙而去。使者还报曰，干将已成仙剑，吴王只好一声叹息，从此更加珍爱莫邪剑。

中国古代关于铸剑的传说，除了上述之外，还有欧阳冶善铸造湛卢宝剑的故事，情节亦类似。中国古代有君子佩剑的传统，有关铸剑的丰富传说，也反映了剑在传统文化中的重要地位。

75
干将与莫邪

76 后 母 戊 鼎

后母戊鼎，又称"后母戊大方鼎"，曾称"司母戊鼎"，是商王祖庚或祖甲为纪念其母亲而铸造的青铜大鼎。它是商周时期青铜文化最杰出的代表，其巨大的形制，精湛高超的铸造工艺令世人叹为观止。后母戊鼎现藏于国家博物馆，是该馆镇馆之宝，同时也是镇国之宝，享誉世界，已被列入禁止出国展览文物名单。后母戊鼎的精美工艺和审美价值，大家或已耳熟能详，到过中国国家博物馆参观的人，也必然不会错过一睹其真容的机会。然而，这座大鼎在近世出土以后的历险记，以及它周折改名的故事，世人却未必熟悉。

后母戊鼎出土于1939年3月，地点是河南安阳。此时正值日军侵华深入、抗战最艰苦的时期，河南安阳已经沦陷，受日军控制。安阳武官村一位年仅17岁的少年吴培文平日听老人们说，安阳是中华文明的起源地之一，以前挖出过"龙骨"，这片古老的土地下，肯定还埋藏着数不尽的宝贝。吴培文闲时，便叫上同龄的叔伯兄弟，在村子周围的野外用盗墓人常用的探杆四处探宝。一天，当探杆打到地下十余米时，遇到了坚硬的阻碍物，探头提上来后，竟沾着铜锈。他们立即集结更多的人开始挖掘，很快，一个锈迹斑斑的"大炉子"呈现在他们面前。

武官村挖到宝贝的消息很快传到附近驻扎的日军那里，日本人很快找到吴培文家中，看到了院角用柴草盖上的大鼎，仔细端详后，直呼"宝物，宝物！"吴培文见此，料定大鼎是难以保全了。日本人走后，吴培文立即联系古董商，打算卖掉大鼎。古董商出价20万大洋，但要求将大鼎分割成数块，以便装箱运输。面对这个天文数字，村民开始向大鼎挥起大锤，拉起钢锯，但大鼎坚固异常，而村民的心里也越来越不安，罪孽感越发深重，最终他们决定放弃交易，决心把大鼎保护起来。

不久之后，日军果然再次上门，将吴家院子翻了个遍，也没找到大鼎。此

后母戊鼎

（中国国家博物馆藏）

时大鼎已被村民埋入地下，日军无功而返。躲过此劫后，村民们仍不放心，又将大鼎转移到吴家马棚底下，地表泼上水踩实。不几日，轰隆的日军卡车又开进村子，村口架起了机关枪，严阵以待，挨家搜查，但这次他们仍然没有找到。

据说后来吴培文花了20大洋从古玩商处买了一个青铜器赝品，藏在自己家炕洞里。不久后，日本兵和伪军又进村了，直扑吴家，扒开吴培文的睡炕，抢走了那个赝品青铜器。吴培文知道自己已经被日本人监视和跟踪，为了保护大鼎安全，他悄悄离开了家乡，直至抗战胜利后才返回安阳。此时大鼎也终于安全了，重新被挖出，献给国民政府。1949年，国民党撤往台湾岛时，曾有意带走大鼎，但因其过于沉重，被舍弃在南京机场。解放军发现后，将大鼎转移到南京博物院，后又调往新落成的中国国家博物馆，终于结束了流离的命运。

　　大鼎出土于战乱之世，躲过了古董商要求分割的厄运，躲过了日本侵略者三番五次的追查，能够完好地保留在故土，真是一种幸运。关于大鼎的命名，也有一段故事。在出土后，村民以其大似马槽，故称其为"马槽鼎"，又有以其形似炉，称之为"古炉"。著名历史学家、古文字学家郭沫若在考察后，凭鼎腹内壁铸有"司母戊"三字，将它命名为"司母戊鼎"。郭沫若认为，"司"便是"祭祀"的"祀"，这三个字表示大鼎是为祭祀铸鼎者的母亲"戊"而铸的。这一说法得到了罗振玉、范文澜等一批学者的赞同，一时广为接受。

　　然而，考古界和古文字界亦有不同的观点。他们提出，在古文字中"司"与"后"是同一个字，鼎上铭文应释为"后母戊"，"后"是"伟大、了不起、受人尊敬"的意思，与"皇天后土"中的"后"相同。"后母戊"自然就是将此鼎献给"敬爱的母亲"。这种解释似乎更为合理，因此，2011年3月中国国家博物馆将大鼎移至新馆重新布展时，便将鼎前的标识牌更为"后母戊鼎"字样，"司母戊鼎"的称呼就成了过去式。

77 四羊方尊

四羊方尊是大家耳熟能详的一件青铜国宝，它是中国现存商代青铜方尊中最大的一件，其每边边长为52.4厘米，高58.3厘米，重量34.5公斤，长颈，高圈足，颈部高耸，四边上装饰有蕉叶纹、三角夔纹和兽面纹，尊的中部是器的重心所在，尊四角各塑一羊，肩部四角是4个卷角羊头，羊头与羊颈伸出于器外，羊身与羊腿附着于尊腹部及圈足上。同时，方尊肩饰高浮雕蛇身而有爪的龙纹，尊四面正中即两羊比邻处，各一双角龙首探出器表，从方尊每边右肩蜿蜒于前居的中间。由于铸造水平高超，四羊方尊被史学界称为"臻于极致的青铜典范"，位列十大传世国宝之一。然而，罕为人知的是，这件现藏于中国国家博物馆的国宝原件，竟然是用碎片拼凑修复起来的。

四羊方尊出土于1938年，湖南宁乡县黄材镇月山铺转耳仑的山腰上。那是个特殊的年代，日军侵华，山河破碎，注定了四羊方尊的坎坷遭遇。黄材镇的姜氏兄弟在无意中挖到这件宝贝后，因家贫，将其以两百多大洋的价钱卖给了古董商。古董商买进后，很快辗转到了长沙县靖港镇某商号，一些心怀不轨的商人通过文物贩卖的渠道秘密放出消息，打算密卖宝物，内定起价20万大洋。

当时的长沙因文物盗掘走私现象严重，政府部门对出土文物走私现象的查处也十分严厉。四羊方尊出土的消息很快被长沙县政府得知。为防止奸商贪利将国宝卖给外国人，长沙县政府立即派警员前去查处此事，并将四羊方尊没收，上交了湖南省政府。宝物充公之后，被放在了时任湖南省主席张治中的办公室里，张治中虽然知道这是个宝物，但并不知道它有什么价值，竟把宝物作为笔筒放在几案之上达3个月之久。

不久，日寇进逼长沙，四羊方尊被送到了湖南省银行保管。1938年11月，国民党湖南省政府和省银行均迁往沅陵。为了不让完整的长沙城落入日寇之手，当局决定实行"焦土政策"。11月12日，延续两天两夜的大火，烧毁了长沙城近80％的建筑，史称"文夕大火"。这把火不但烧掉了长沙城，也使四羊方尊在战乱中遗失了。

　　1938年四羊方尊出土、截获的消息，曾轰动三湘，其时，周恩来、叶剑英等同志均在长沙。新中国成立后，向来关心文物的周总理，于1952年亲自责成文化部派人追查四羊方尊的下落，经多方查询，得知四羊方尊在随湖南省银行内迁沅陵的途中，车队遭到日机轰炸，运载四羊方尊的车辆不幸中弹，四羊方尊被炸成了20多块，之后这些碎片就一直被丢弃在湖南省银行仓库的一只木箱内，十几年无人问津。

四羊方尊

（中国国家博物馆藏）

1952年，湖南省文物管理委员会专家蔡季襄在中国人民银行湖南省分行的仓库中，找到这个破碎的宝贝。又过了两年，修复四羊方尊的重任落在了国内文物修复大家张欣如身上，张欣如自20世纪30年代起便在河南省开封市的"倾古斋"学习古玩修复。1954年4月，张欣如调至湖南省文管会，当年5月，便接到修复四羊方尊的任务。清洗碎片、烙铁焊接……每天，张欣如都把30多公斤重的方尊放在腿上，一手扶着，一手作业，丝毫不敢分心。两个多月后，四羊方尊终于修复成功，再次展现出3000年前的瑰丽身影。美中不足的是，尊的口缘部分始终还缺一块残片。原来，农民姜景舒在卖尊给古董商时，曾有意识留下锄掉的一块碎片作纪念。这事儿于1976年才被湖南省博物馆原馆长高至喜发现。为此，高至喜远走宁乡县，千方百计寻找到姜景舒两兄弟，得到了那块碎片。至此，尊口上的云雷纹残片才终于完璧归赵。

方尊局部

　　四羊方尊修复完成后，被移交到湖南省博物馆收藏。1959年国庆10周年时，四羊方尊调往中国历史博物馆展出，此后就一直留藏在该馆。四羊方尊作为全国排名第三的十大传世国宝曾多次出国展览，并作为中国古文物的精华和古代青铜工艺的杰作编入中小学历史教科书和各类教材。

　　四羊方尊的遭遇应该是中国青铜国宝中最惨的一个，精美器物竟遭轰炸，"分尸"20多块，令人何其心痛！而碎块得以保管无失，后又被复原如初，至今为人们所欣赏，可谓劫后重生，是不幸中之万幸。

78 马踏飞燕

笔者小时候学过一篇课文，叫作《马踏飞燕》，全文描写的是一只马踏着一只燕子的青铜雕塑。这篇记叙文应该也是为了教授学生描形状物的写作技巧，对雕塑的描写特别精彩：

"铜奔马体态轻盈，神行兼备，无论从正面，侧面哪个角度去看，都极为生动健美。铜奔马昂首扬尾，四蹄腾空，自由奔放，动作协调，既使人感受到力量，又激发人们的想象。最令人惊叹的是，马的一只后腿，正踏在一只飞燕的背上，燕子是整个艺术品的一部分，又是马的底座，从而使凌空的铜奔马能巧妙地保持了平衡，解决了主体形象的支撑问题。这个飞行时的瞬间形象无比神奇，其高超的设计构思，就是在两千年后的今天，也令人叹服叫绝。马身上没有辔头、鞍镫、缰绳，头上却有一穗迎风飘动的璎珞，尾巴末梢还打了一个结。这种细微的艺术处理，具有浓厚的中国特色和风格。"

因此，马踏飞燕的造型就深深印在了一代读者的心里。而今天，在北师大版小学五年级下册中，仍然保留了这篇文章，只是名字改成了《天马》。文章最后也多了一段话：

"开始人们称这件古代艺术品为'青铜奔马'，也有叫'马踏飞燕'的。马踏飞燕的称呼既形象又优雅，曾被普遍应用，但是研究后发现马足踏的不是燕子，而是龙雀。龙雀是传说中的神鸟，也叫'飞廉'。古书上有'明帝至长安，迎取飞廉并铜马'的记载。我们不敢肯定汉明帝迎取的就是这件物品，但至少可以说，这种题材的工艺品在当时就是非常珍贵的。龙雀是风神，飞行急速，马却踏着它，赛过它，这真是匹天马了。"

这是怎么回事呢？铜奔马脚底下踩踏的原来不是燕子而是龙雀？我们之前学习的课本中居然是错误的知识？龙雀的由来何在？所有这些疑问都有待解答。

经调查研究发现，马踏飞燕又名"马超龙雀""铜奔马""马踏飞隼""凌云奔马"。这座青铜雕塑1969年出土于甘肃省武威市雷台汉墓——东汉时期镇守张掖的军事长官张某及其妻合葬墓。铜奔马刚刚出土时并未受到足够多的重视。1971年9月，郭沫若改变了它的命运。时任人大常委会副委员长的郭沫若陪同柬埔寨王国民族团结政府宾努首相率领的代表团访问甘肃。当郭沫若看到了这

马踏飞燕

(甘肃省博物馆藏)

组铜车马仪仗队，特别是在队伍最前面身长45厘米、高34.5厘米的领头马时，他眼前一亮，赶紧叫工作人员拿出来让他端详。郭沫若认为这匹铜奔马的考古和艺术价值非同小可，并将其命名为"马踏飞燕"。他还曾泼墨写下"四海盛赞铜奔马，人人争说金缕衣"的诗句。

原来，"马踏飞燕"的命名是从郭沫若先生那里得来的。郭沫若当时为什么认定那是"飞燕"？因为，郭沫若当时联想到李白《天马歌》中的"回头笑紫燕"，紫燕即古时家马。汉文帝有良马九匹，其中一名为紫燕骝。但这只是马的名字为"燕"，跟真正的燕子又有什么关系呢？

后来，有人仔细观察了马脚底下的飞行物后，对郭老"马踏飞燕"的命名提出了质疑。首先，马脚下的飞行物按照比例来说，比一般家燕要大得多。其次，马蹄下的鸟尾呈楔形，而家燕的尾羽是典型的叉形，并且是深叉形，如"燕尾服"的尾部。而且，家燕虽然在飞行中看上去比麻雀、喜鹊、乌鸦之类常见鸟类的速度快，但它的最高时速也只有75千米，家马奔跑的最高时速通常可达90千米。比燕子飞得还要快得多，那么全速奔跑的骏马踩到燕子是轻而易举，并不能显示马的神速，其创作者又何必多此一举呢？

有人提出，奔马脚下踏的应该是隼。隼是鹰的一种，是鸟类食物链顶端的生物，自古就被人们熟知，它最为常见、飞行又快、体型大小也最符合"马踏飞燕"的尺寸。古人爱隼，特别是驯化猎隼、游隼、燕隼等鸟类是北方游牧民族的一种传统文化。隼也常见于中国西北半干旱地区，符合雕塑出土所在地的自然环境。最为重要的是，有数据监测显示，有游隼俯冲捕食时的飞行瞬时速度最高达到300公里/小时以上！这超过高铁的运行时速，更是奔马所不能及的。那么，造像者为了显示奔马的风驰电掣，让一只飞隼被踏在它脚下，属于大胆夸张的艺术手法，更能激发人们的想象。目前，笔者认为这一说法更加合理，更能令人信服。至于前文所提的现在小学课本中《天马》中，认为马脚底下踩的是叫龙雀的一种神鸟，而马也自然成了天马，则是一种想象力更加丰富的解释。当然，其他说法也多元地存在，因篇幅限制不再多做介绍。

尽管如此，由于"马踏飞燕"的名字最早传播流行开来，现在许多人，包括笔者本人还是习惯性地这样叫它。可见，文物一旦命名并传播开后，再要修改就会相当困难了。

79 何 尊

在青铜国宝文物中，不同的文物有各不相同的发现经过。有的文物是和平年代由考古专家精心发掘的，一出土便得到良好地保管；有的文物被人们无意中发现或有意地盗掘，很快流入地下文物市场，被收藏家辗转收藏。而何尊却是国家文物人员在废品收购站中发现的，并且，随着研究的深入，其历史价值一跃而成国宝。

故事发生在20世纪60年代。1963年6月，陕西省宝鸡市宝鸡县贾村镇上，一个叫陈堆的村民因家里老屋住不下，就租了邻居的两间房子住，院子后面是个土崖。当年8月一个雨后的上午，陈堆在后院发现下雨坍塌后的土崖上好像有亮光，就用手和小镢头刨，结果就刨出了个铜器。第二年，陈堆夫妇从宝鸡返回固原，临走时将铜器交给陈湖保管。1965年，陈湖将其卖到了废品收购站。

1965年，宝鸡市博物馆干部佟太放在市区玉泉废品收购站看到一件高约40厘米的铜器，见其造型凝重雄奇，纹饰严谨且富有变化，感觉这应该是一件比较珍贵的文物，便向馆长吴增昆汇报。吴增昆随即让保管部主任王永光去查看，王永光赶至废品收购站后，也断定这是一件珍贵文物，便以收购站当初购入的价格30元将这尊高39厘米、口径28.6厘米、重14.6公斤的铜器买回博物馆。经考古人员确认，这是一尊西周早期时的青铜酒器，浮雕为饕餮纹。这尊铜器成了宝鸡市博物馆1958年成立后收藏的第一件青铜器。

1975年，国家文物局调集全国新出土的文物精品出国展出，著名青铜器专家、时任上海市博物馆馆长的马承源先生负责筹备，饕餮铜尊因其造型图案精美被选送至国家文物局。马承源在清除铜尊的锈蚀后，在铜尊内胆底部发现了一篇12行共122字的铭文。经仔细辨识，何尊上的铭文，记述的是文王受命、武王灭商、成王迁都等西周时期的重大政治事件，这与《尚书》之《洛诰》《召诰》中的记载相吻合，从而证实了历史文献的真实性，为西周历史的研究和青铜器的断代提供了重要的实物资料。尤其引人注目的是，铭文中有一句"余其宅兹中国，自兹乂民"，这也是"中国"二字首次以词组的形式出现，距今已有3000多年了。

何尊

（中国宝鸡青铜器博物院藏）

何尊铭文拓片

这个发现可谓意义重大，谁都知道"中国"二字在国人心中的分量。那么，何尊上"中国"的含义和现在的相同吗？在华夏民族形成的初期，由于受天文地理知识的限制，人们总是把自己的居域视为"天下之中"，即"中国"，而称他族的居域为东、南、西、北四方。宝鸡青铜器博物院副院长陈亮认为，在古代，"国"的本意指城、邦，并非国家；"中国"原意为中央之城或中央之邦，它并不是一个专有名词，历史上的"中国"也不等于今天"中国"的范围。

周代文献中记载，"中国"一词有五种含义：京师，即首都；天子直接统治的王国；中原地区；国内、内地；诸夏或汉族居住的地区和建立的国家。然而，何尊上的铭文"余其宅兹中国"，大意为：我要住在天下的中央地区。这里的"中国"是方位的意思。

中国社会科学院考古研究所研究员许宏曾认为，"最早中国"的形成诞生经历了一般聚落、族邑、中心聚落、邦国和王国等阶段。在华夏文明融合其他文化系统进程中，东风西渐，群雄逐鹿，"早期中国"发展进程提速，"国之大事，在祀与戎"。周初，成王营建东都洛邑，在祭典上诰命中有"余其宅兹中国"——最早提及中国的记载，青铜器"何尊"铭文把最早的"中国"指向洛阳盆地。

关于何尊铭文"中国"的解释，目前的学界还有着不同看法，但它的问世，为解决这个问题提供了重要的实证。倘若不是当年文物工作人员的慧眼识珠，这个流落到废品收购站的国宝命运会如何，着实不敢想象。我们真为何尊感到庆幸。

80 大 盂 鼎

大盂鼎又称"廿三祀盂鼎"，西周炊器，1849年出土于陕西郿县礼村。器厚立耳，折沿，敛口，腹部横向宽大，壁斜外张、下垂，近足外底处曲率较小，下承三蹄足。器以云雷纹为地，颈部饰带状饕餮纹，足上部饰浮雕式饕餮纹，下部饰两周凸弦纹，是西周早期大型、中型鼎的典型式样，雄伟凝重。大盂鼎内壁铸有铭文19行291字，内容是周康王二十三年九月册命贵族盂，并向盂讲述文王、武王的立国经验，告诫盂要效法其祖先，忠心辅佐王室，并赏赐盂邑、命服、车马、邦司、人鬲、庶人等。盂为了颂扬王的美德，制作了纪念先祖南公的宝鼎。谁曾想，这只宝鼎深埋地下两千多年安然无恙，出土后，却历经坎坷。

大盂鼎出土后便被贩卖至文物市场，道光时期的岐山首富宋金鉴把铜鼎买下，因为器形巨大，十分引人瞩目，鼎很快被岐山县令周庚盛占有，他把鼎转卖给北京的古董商人。宋金鉴在考中翰林后出价3000两白银又购得了宝鼎，在他去世后，后代以700两白银卖给陕甘总督左宗棠的幕僚袁保恒，袁深知左宗棠酷爱文玩，得宝鼎后不敢专美，旋即将大盂鼎献给上司以表孝心。左宗棠在发迹前曾为湖南巡抚骆秉章的幕僚，理湘省全部军务。虽非显贵，也颇得春风，加之自视极高，恃才傲物，难免招人嫉恨。

咸丰九年（公元1859年），左宗棠被永州总兵樊燮谗言所伤，遭朝廷议罪。幸得时任侍读学士的潘祖荫援手，上奏咸丰皇帝力保左宗棠，且多方打点，上下疏通，左才获脱免。潘乃当时著名的金石收藏大家，左宗棠得大盂鼎后遂以相赠，以谢当年搭救之恩。此后，大盂鼎一直为潘氏所珍藏。虽然时而也有人觊觎此鼎，但毕竟潘氏位高权重，足可保大鼎无虞。至潘祖荫故，其弟潘祖年将大盂鼎连同其他珍玩一起，由水路从北京运回苏州老家。大鼎作为先人故物，睹物思人，弥显珍贵，堪为传家之宝，不轻易示人。光绪之末，金石大家端方任两江总督，曾一度挖空心思，想据大盂鼎为己有，均为祖年所拒，但端方之欲始终为潘家所患。直至辛亥年革命暴发，端方被杀，潘家和大鼎才真正逃过端方之难。

大盂鼎

（中国国家博物馆藏）

　　民国初年，曾有美籍人士专程来华找潘氏商谈求让大鼎，出价达数百两黄金之巨，但终为潘家所回绝。20世纪30年代中叶，国民党当局在苏州新建一幢大楼。党国大员忽发奇想，要在大楼落成后以纪念为名办一场展览会，邀潘家以大鼎参展，以图无限期占有大鼎。然此拙劣伎俩被潘氏识破，婉言拒绝了参展。

1937年日军侵华时，苏州很快沦陷。国将不国，人命难保。此时，潘祖年已作古。潘家无当户之人，皆妇孺。英雄出少年，当此危难之时，潘祖荫的侄孙潘承厚、潘景郑等商定将大鼎及全部珍玩入土保全。经反复遴选，决定将宝物藏于二进院落的堂屋。这是一间久无人居的闲房，积尘很厚，不会引人注目。主意已定，潘家人苦干两天两夜才将全部宝物藏入地下，又将室内恢复成原样。整个过程除潘家人以外，另有两个佣工和一个看门人参与其中，均被反复叮嘱要严守秘密。此后不久，潘氏全家即往上海避乱。潘宅一时竟成了日军搜查的重点。经过反复地搜查并挖地三尺均无所见，日军也只能作罢。日军占领期间，潘家的看门人曾几次盗掘了若干小件的珍藏，卖给洪姓古董商人，但大鼎过于沉重，无法搬动，得以幸免。

　　光阴荏苒，在历经十余年战乱之后，新中国成立了。潘家后人见人民政府极为重视对文物的保护，认为只有这样的政府才可托付先人的珍藏。全家商议后，由潘祖荫的孙媳潘达于执笔，于1951年7月6日写信给华东文化部，希望将大盂鼎和大克鼎捐献给国家，同时也希望将两件大鼎放在上海博物馆展出。7月26日，文管会派专员在潘家后人的陪同下赴苏州，大鼎得以重见天日。为表彰潘达于的献宝壮举，华东文化部于10月9日举行了隆重的颁奖仪式。

　　1952年上海博物馆落成，大盂鼎藏入此馆。1959年，北京中国历史博物馆，即现在的中国国家博物馆开馆，上海博物馆以大盂鼎等125件馆藏珍品支援，从此大盂鼎入藏中国国家博物馆。

81　三星堆青铜立人

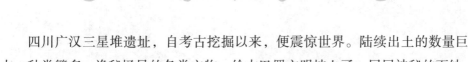

　　四川广汉三星堆遗址，自考古挖掘以来，便震惊世界。陆续出土的数量巨大、种类繁多、诡秘怪异的各类文物，给古巴蜀文明披上了一层层神秘的面纱。宽1.38米的青铜面具、高达3.95米的青铜神树，通高2.62米的青铜立人像，都引起了人们强烈的好奇。单说这青铜立人，就有诸多未解之谜。

　　青铜立人高1.72米，底座高0.9米，1986年于三星堆遗址二号祭祀坑出土，整体由立人像和台座两大部分接铸而成。立人像头戴莲花状的兽面纹和回字纹高冠，最外一层为单袖半臂式连肩衣，衣上佩方格状类似编织而成的"绶带"，"绶带"两端在背心处结襻，襻上饰物已脱。衣左侧有两组相同的龙纹，每组为两条，呈"已"字相背状。青铜立人双臂向前伸出，一上一下呈环抱式，两只手十分巨大，分别握成圆形。那么，立人是何身份？定格的瞬间是在做什么，他的手为什么这么大？手里拿的又是什么？研究专家根据史料做出了种种猜想。

　　关于青铜立人的身份，专家推测，应该是古巴蜀先民的部落首领，或者是"群巫之长"。李白在《行路难》中曾高歌道：蚕丛及鱼凫，开国何茫然，尔来四万八千岁，不与秦塞通人烟！那么，这里的蚕丛和鱼凫就是巴蜀文明早期的英雄领袖。三星堆青铜立人会不会是他们呢？在没有更多证据的情况下，现在只是一个猜想。

　　青铜立人双手都握成一个巨大的圆环形状，中间是空的，似乎原来有东西在其中被握住。那么，手中拿的东西可能会是什么，也令人感到好奇。

　　有人认为是权杖。因三星堆祭祀坑出土了另外一件非常轰动的器物，即所谓的"黄金权杖"，因此某些专家学者认为当时的三星堆人是用"杖"来代表或象征权力。

　　有人认为是象牙。因三星堆祭祀坑中还出土了60多根巨大的象牙，最长的达到1.8米多，一般也均在1.6米左右。在一个不产象牙的文明地域出土如此数

三星堆青铜立人的大手

（三星堆博物馆藏）

量之多、形制之大的象牙，本身就为人所惊讶，加之被埋于祭祀坑中，于是就很自然地被认为是当时极为珍视的祭品或祭器。

有人认为是玉琮。有专家从其他一些文明考古出土文物中，发现有手持玉琮的人像，便推论此三星堆青铜立人像是手持两个玉琮。

有人认为是神筒。部分学者从彝族巫师举行巫术仪式时手握木制或竹制的筒状物中得来灵感，认为三星堆青铜立人像亦是当时的巫师或君王手持通天柱或神筒柱这样的类似法器。

有人认为是龙或蛇，蛇是常见的自然崇拜对象，也是祭师作法求神的道具。还有人认为，其实什么都没握，那个造型只是为了好看，是摆着玩的。

以上种种说法，都各有各的依据。而有的专家则试图从整体上来解释青铜立人的造型。彝族文化研究专家杨凤江通过研究认为，青铜立人与彝族文化息息相关。如果将青铜立人的造型和彝族的毕摩文化联系在一起，就能找到答案。毕摩在主持祭祀活动时有许多独特的动作，而在毕摩的法器中神杖是最主要的法器。根据彝俗，主祭师在请神驱邪时都要进行一套完整的双手动作，那便是左右两手各执金银一杯，其中金杯斟有酒，银杯为空杯。当要请神祭神时就把金杯置于右手举于上，把银杯置于左手居于下。毕摩一边吟诵，一边把装酒的金杯逆时钟向内绕银杯三匝。绕完三匝后把金杯中的酒倒入银杯，然后置于祭坛献神以表示请神和祭神。毕摩的这一套动作，和青铜大立人的姿态正好相符。所以从彝俗出发我们不难看出，三星堆的青铜大立人体现的正是一种毕摩形象，而他要表达的正是一种祭神请神或驱邪撵鬼的内涵。

关于三星堆文明的探秘仍在继续，对青铜立人造型的解读或争论也将继续。唯一能够肯定的是，古人在造青铜立人像的时候，一定有他想要表达的内容，总有一种现代解释最接近事实。

82　虢季子白盘

虢季子白盘是晚晴时期出土于陕西宝鸡的一个庞然大物，通体呈椭方形，具四边、圆角、口大底小，略呈放射形，使器物避免了粗笨感。每边饰兽首衔环二，共八兽首，口沿饰一圈窃曲纹，下为波带纹。全盘看上去像一个大浴缸或大水槽。更显珍贵的是，盘内底部有铭文111字，讲述虢国的子白奉命出战，荣立战功，周王为其设宴庆功，并赐弓马之物，子白因而作盘以为纪念。虢季子白盘是中国西周青铜文化的成熟之作，是迄今所见最大的铜盘，堪称西周青铜器的魁首，与散氏盘、毛公鼎并称"西周三大青铜器"。虢季子白盘的艺术价值和历史文化价值在此不多赘述，这里要介绍的是它出土以后的传奇经历。

虢盘原本在道光年间出土于陕西宝鸡的虢川司。时任眉县县令的徐燮乃常州籍人士，爱好古玩。虢盘近水楼台为徐所得，徐卸任返籍时将虢盘带回了常州。至太平天国时期，护王陈坤书镇守常州。虢盘又易手成了护王的珍藏。

清朝同治三年（1864年）5月11日，时任直隶提督的淮军将领刘铭传在追剿太平军的过程中率部占领常州，刘铭传住进了太平军将领陈坤书的护王府。由于护王手下的将士仍不屈服，经常利用夜晚伏在小街僻巷里进行反抗，所以淮军不得不在夜间加强城防巡视。一天，夜半更深，万籁俱寂，刘铭传在护王府大厅秉烛读书，忽然听到院中有金属撞击的声音，以为有刺客潜入。刘铭传大惊，立刻传呼众亲兵赶到院中搜索。众人里里外外搜遍，没有发现任何踪影，再仔细听听，原来声音是从马厩里传出的，循声搜去，才知是马笼头上的铁环撞击马槽发出的叮当之声。马槽为木料所制，为何有此清脆金属声音？刘铭传心生疑问，当即命令士兵用灯笼照看，在微弱的灯光下看不清楚，刘铭传就伸手去摸，只觉得浸凉异常，仔细分辨才知是一金属物体。第二天一早，刘铭传好奇地走到马厩中，叫士兵把马槽洗刷干净，这时才看清楚是一个铜盘。刘铭传知道这种文字叫籀文，为三代文字，他暗想此物年代久远，必是国宝，忙叫人"三熏三沐"，洗涤干净，并在自己奉命攻打浙江湖州、安徽广德期间，设法叫士兵运回自己的家乡——安徽省肥西县刘老圩，并在刘老圩盖了一座盘亭，并作《盘亭小记》记叙此事。

虢季子白盘
（中国国家博物馆藏）

虢盘到刘府后，消息不胫而走，引得不少达官贵人争相欲往观赏，而刘铭传偏偏惜盘如命，不轻易示人，为此还得罪了不少权贵。1872年至1884年，刘铭传归乡赋闲期间，大江南北文人名士蜂拥而来，人人叹羡不已，消息很快传到京师翁同龢耳中，翁氏托人到刘老圩说项，表示愿意出重金购买。刘铭传听言火冒三丈，以生硬的态度回绝了说客。翁氏仍不死心，又叫人前去说亲，愿意将女儿下嫁刘家，做刘铭传长媳，以通秦晋之好。刘铭传左思右想，认为根子还在虢盘上，就以不敢高攀之语谢绝了这门婚事，翁氏大为扫兴，从此和刘铭传交恶。至光绪十一年（1885年）台湾撤府建省，刘铭传赴台湾就任首任巡抚，虢盘则安驻合肥老宅盘亭，未随往台湾。

刘铭传去世后，其后人遵照他的遗嘱，小心保护这件国宝。他的后人在此后的几十年间为保护虢盘展开了艰苦卓绝的抗争，其间最具威胁的是时任国民党安徽省主席的刘镇华。作为地方官的刘镇华在1933年至1936年主持安徽政务期间，独霸专权，横征暴敛，草菅人命，对虢盘更是觊觎已久，多次派人以种种理由到刘府搜劫，虽未果，但刘氏后人却饱受了皮肉之苦。

抗战前，曾有一美国人托人找刘铭传的曾孙刘肃曾，愿出一笔相当可观的资金购买虢盘，并答应成交后将其全家迁居美国。随后，法国人、日本人等都相继找上门来愿以重金购买虢盘，均被刘家拒绝。及至1937年"七七事变"后，合肥宣告沦陷，日军入侵，强抢豪夺、无恶不作。面对外辱，刘家后人知不能敌，只得将虢盘重新入土，他们将虢盘深埋丈余，其上铺草植树，而后举家外迁，以避战乱。日寇多次搜掠也成泡影。

抗战胜利后，李品仙任安徽省省长，他是一个"古董迷"，曾利用职权在皖盗窃楚墓，搅得民声沸腾，对虢盘他更是垂涎欲滴，他一再派人前去盘索，在遭到拒绝后竟将刘家大厅中所挂字画搜刮一空。不久他又派一营部队进驻刘老圩，天天逼刘氏后人交出虢盘。刘家人无奈，只好再次举家出逃避难。在此期间，李品仙的亲信合肥县长隆武功为讨好上司，亲自带人到刘家老宅，将几十间房屋的地板全部撬开并挖地三尺以寻虢盘。终亦未果，怏怏而去。

新中国成立后，国家对文物保护工作十分重视，1949年冬，政务院给皖北行署发电报，指示查明虢盘下落。皖北行署当即派人专程到刘老圩向刘肃曾全家传达政府保护文物的政策。刘肃曾当即表示："保护国宝，责任非轻，个人力薄，盘之安全可虑；现政府如此重视，亟愿献出，从此国宝可以归国，获卸仔肩，亦为幸事乐事。"遂于1950年1月19日在其家中一间人迹罕至而又破旧不堪的屋子里，挖开历经14年的封土，将虢盘掘出，献给国家。就在虢盘拟送北京时，一件意想不到的盗窃破坏国宝事件突然发生。一名犯罪分子溜进刘家，手持钢锯准备锯下8只饕餮衔环，声音惊动了守护在附近的解放军战士，当即将他抓获，使国宝免受破坏。事件发生后，人民政府指示迅速将虢盘运送北京，并请刘肃曾同行。

虢盘抵京后，董必武、郭沫若、沈雁冰等接见了刘肃曾，郭沫若先生还于1950年3月设宴招待刘肃曾，并即席亲笔题诗一首相赠："虢季献公家，归诸天下有。独乐易众乐，宝传永不朽。省却常操心，为之几折首。卓卓刘君名，传诵妇孺口。可贺孰逾此，寿君一杯酒。"文化部也给刘肃曾颁发了奖状，从此，虢季子白盘就由国家珍藏保护起来，现存中国国家博物馆。

83 莲鹤方壶

到过北京故宫博物院青铜馆参观的人们，一定会对馆内珍藏的国宝青铜器"莲鹤方壶"有深刻的印象。这只被印上中学历史教科书的春秋中期青铜制盛酒器，是当时青铜器铸造的最高峰，有人称其为"东方最美青铜器"。而在河南省博物院内，也珍藏着这样一尊几乎一模一样的莲鹤方壶，两尊原为一对。它们在出土后，也险些落入文物贩子手中，却最终成为河南省博物院建院之初的文物基础之一，后来遭遇了日本侵华战争的颠沛流离，解放战争前夕险些被国民党运到台湾。如今虽分隔两地，它们的经历却展现了缩微的中国近代史。

莲鹤方壶

（北京故宫博物院和河南博物院藏）

1923年8月的一天，河南新郑已经大旱多天，县南大街乡绅李锐找来人工，在自家菜园子里准备打井灌溉。这位乡绅没有想到的是：在他的脚下，是2000多年前的郑国陵墓，而河南省博物事业的大门也将随着园子中挖井的铁锹渐渐打开。

　　傍晚时分，当井挖到数米深时，随着哐当一声清脆的响声，地下的宝贝重现天日。当天挖出青铜器4件，次日又得数十件。李锐拿出一件大型铜鼎和两件中型铜鼎售予许昌的文物贩子张庆麟，得到了数百大洋，发了一笔意外之财。此事不胫而走，立马传遍县城，新郑知事姚延锦知道后，劝李停止挖掘。李不听，辩解说在自己家里挖东西，一不偷，二不抢，是老天爷给他的财路，李锐命令雇工昼夜不停又连续挖掘出土器物20多件。很快，全城来参观的人络绎不绝。

　　1923年9月1日，驻扎郑州的吴佩孚部第十四师师长靳云鹗视察路过新郑，认为古物出土关系国粹，应归公家保存，便命令副官陈国昌会同县知事姚延锦以理说服李锐，上交了先前所挖之物。之后，靳云鹗以原价购回张庆麟所买3鼎，并派官兵监护现场。同时，电告驻洛阳的吴佩孚和河南监理张福来，听候裁处。9月2日至5日，靳云鹗命令继续发掘。9月6日，在原井周围又挖了几口井，井底互相连通。9月7日，两个莲鹤方壶终于露面，一出土便吸引了众人的目光。之后又挖出两个方壶，大牢九鼎、土鼎各一套，铜簋一组八件，铜鬲一组九件，其他青铜器、玉器、陶器和贝币等1000余件。这批文物一起被称为"新郑彝器"，当时这座古墓暂命名为李家楼大墓。

　　新郑发现大批春秋珍贵文物的消息不胫而走，北京、上海、天津、开封各地均连续报道，各地金石学者和考古学家云集新郑考察参观，一致考证认定李家楼大墓的墓主为郑君子仪，即春秋时期第一个在诸侯间称霸的郑庄公之子，也称郑君子婴。靳云鹗一边上报吴佩孚请示处理意见，一边请来金石学者和照相人员对这批文物进行整理、登记、照相。后经河南省政府代表同吴佩孚代表协商，从彰明国粹、供研究出发，决定移交河南省第一图书馆保存。后来又专门成立古物保管所来保存这批文物，古物保管所是河南博物院的前身，这批文物的出土奠定了河南省博物馆事业发展的基础。

　　一座真正的博物馆往往要历经百年积淀，没有一定量的馆藏，没有著名的镇馆之宝，就不能称之为博物馆，可以说"上百年才可能造就一座真正的博物馆"。河南省博物院经90多年的积累，馆藏文物达10多万件。但是，"先有郑公大墓，后有河南省博物院"，却是中国文物考古界公认的事实。1927年创办河南博物馆的目的，就是为了安顿1923年在新郑出土的郑公大墓的青铜器。

　　1927年7月，河南博物馆在河南公立法政专门学校成立，青铜莲鹤方壶即成镇馆之宝。孰料，不久抗日战争爆发，为确保国宝免遭日寇劫掠，河南博物馆精心挑选青铜莲鹤方壶等文物珍品5678件，拓片1162张，图书1472套(册)，分装68箱，先后颠沛流离至汉口、重庆存放，河南存渝古物由河南博物馆张克明等监守。"撤退途中，频遭日本飞机轰炸，一路险象环生，着实为一次险恶之旅"。

1949年冬，国民党败退台湾前夕，令"速将河南存渝古物运存台湾"。待莲鹤方壶等第二批河南古物被装箱运抵重庆机场，马上就要登机飞往台湾的千钧一发之际，人民解放军占领机场，截下了包括莲鹤方壶在内的国宝34箱，运台湾仅11箱。

1950年8月，河南省会同文化部共赴重庆接收河南存渝古物。文化部挑取一尊底部稍有残缺、高126厘米的莲鹤方壶调到北京故宫博物院。自此，原本成双成对的两尊莲鹤方壶便分隔两地了。

84　曾侯乙编钟

　　如果要问，世界上规模最大的一套乐器是什么？答案无疑是中国湖北随州出土的，现藏于湖北省博物馆的曾侯乙编钟。这套编钟是战国早期文物，由65个大小不一的编钟组成，挂在木质钟架上后，总重量达到2576公斤。音乐专家检测后发现，曾侯乙编钟音域跨越五个半八度，只比现代钢琴少一个八度，中心音域12个半音齐全。那么，2400多年前的古人在欣赏编钟演奏时，听到的是什么样的音乐呢？人们对此充满好奇，希望让这组古乐器重新奏响。

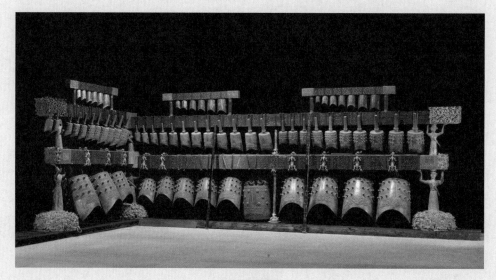

曾侯乙编钟

（湖北省博物馆藏）

　　专家经过测音与研究发现，由于钟体合瓦形的独特结构和不匀厚的钟壁以及激发点和节线位置关系，所有编钟都能击发出两个乐音，两音间多呈三度和谐音程。下层的大钟，声音低沉浑厚，音量大、余音长；中层较大的钟，声音圆润明亮，音量较大、余音也较长；中层较小的钟，声音清脆、嘹亮，音量较小、余音较短；上层钮钟声音透明纯净，音量较小、余音稍长。各组钟需配合演奏，才能发出奇妙的交响。根据这一认识，经过反复琢磨、检测，专家们将已脱落的受损的挂钟构件进行修复、复制，并且仔细检查了木质横梁，估算了其承载能力，确认不会有任何危险后，成功地把编钟在舞台上重新组装了起来。

1978年8月1日下午，一场史无前例的编钟音乐会在距编钟出土地不远的解放军炮兵某师礼堂拉开了帷幕。编钟演奏以《东方红》为开篇，接着是古曲《楚殇》、外国名曲《一路平安》、民族歌曲《草原上升起不落的太阳》，最后以《国际歌》的乐曲为落幕。这是青铜编钟的第一次奏响。

曾侯乙编钟的第二次奏响是在1984年，当时为庆祝新中国成立35周年，湖北省博物馆演奏人员被特批随编钟进京，在北京中南海怀仁堂，为各国驻华大使演奏了中国古曲《春江花月夜》和创作曲目《楚殇》以及《欢乐颂》等中外名曲。

大家知道，出土编钟毕竟是珍贵文物，如果屡屡敲响，势必会对它造成损耗，专家们当然也深知这一点，所谓"一曲演尽，心疼不已"。于是，从1979年开始，在国家文物局支持下，湖北省博物馆邀请中国科学院自然科学史研究所、武汉机械工艺研究所等单位的学者、技术人员进行了科研复制。复制的过程是艰苦的摸索，既要求外表的"形似"，又要能做到发音与原件完全相同。最终，经过耗时5年的探索，在花费了百万巨资之后，青铜编钟终于复制成功，达到了形神兼备，获得了鉴定委员会专家的一致认可。

在第一套复制件获得成功的基础上，经国家文物局批准，湖北省博物馆又先后为随州市博物馆、湖北省博物馆编钟馆、台湾鸿禧美术馆以及陕西黄帝陵等单位各复制了一套。因此，编钟原件在1984年以后就再未离开过湖北省博物馆。此后的对外交流全由复制件完成，它们作为"替身"来到世界各地，将中国2000多年前的华美之声一次次奏响。

湖北省博物馆编钟乐团在1983年成立后，编排了100多首古今中外名曲，每年演出1600余场，涉足20多个国家和地区，6亿多人通过各种方式领略了编钟的神采，有150多个国家和地区的嘉宾在中国聆听了编钟演奏。

曾侯乙编钟最后一次发音是在1997年。当时为了庆祝香港回归，著名音乐人谭盾在创作大型交响乐《天·地·人》时，曾到湖北省博物馆取音。此后编钟原件再未被敲响过。复制件的制作成功，很好地保护了原件，同时又将中国文化传播到世界各地，扮演了文化使者的角色。

85 虎食人卣

位于巴黎蒙梭公园边上的赛努奇博物馆，是法国第二大亚洲艺术博物馆，据统计，这里的中国艺术品数量多达1.2万件，其中尤以中国青铜器最为有名。走进博物馆，琳琅满目的文物令人眼花缭乱，有充满汉风的陶俑，有威严庄重的青铜器。而位于二楼的商代文物展厅，则陈列着一个赛努奇博物馆的镇馆之宝——虎食人卣。

这样的虎食人卣，全世界只有两只。另外一只藏于日本的泉屋博古馆。卣的整体是一只猛虎，呈蹲坐状，虎头雄伟，虎口大张，虎的板牙和两侧尖锐的獠牙都清晰可见。虎的胸前有一个人，形象有几分怪异，他的脚踩在虎爪上，头转向左侧，宽鼻大嘴，双目圆睁，人中处有很深的凹槽。怪人的手足都是四指，而头部正位于虎口正中。而虎的两只前爪牢牢抓住怪人的背部，仿佛要将他一口吃下。但是，看虎口中怪人的神情，似乎并不慌张。

那么，这对虎卣出土何处，为什么会分隔两地呢？虎食人卣出土于中国湖南省安化与宁乡交界处的沩山。沩山一带曾经出土过商周时期做工精美的青铜器，著名的四羊方尊就是在这一带发现的。由于时局混乱，两只虎卣不久便被文物贩子倒卖到海外了。日本泉屋博古馆的创始人祝友春翠在一家日本古董店里买下了一只虎卣，另一只虎卣则漂洋过海来到欧洲。

1920年，法国的一个著名收藏家沃奇去世了，他的收藏品被悉数拍卖。当时赛努奇博物馆的首任馆长亨利正在为博物馆四处搜集文物，听到这个消息后，亨利赶紧奔赴拍卖会现场。看到拍卖会上许多精美的文物，他十分兴奋，尤其是其中的一件中国青铜虎卣，更是让他爱不释手。他下决心，一定要买下这座中国青铜器。沃奇收藏的很多中国精美文物，亨利都非常喜欢，他一口气买下138件文物。然而，在拍卖虎卣的时候，亨利却傻了眼，因为这件珍贵文物一开价，就高不可及。这让已经买了许多文物的亨利囊中羞涩。亨利立刻赶回博物馆筹钱，最终凑够了钱，买下了虎卣。

　　将虎卣带回博物馆后，亨利仔细地观察起来，大多数青铜器由于长时间埋在地下，都会被锈蚀氧化，呈现出斑驳的迹象，而这座虎卣却保存完好，器物

虎食人卣

（法国赛努奇博物馆藏）

表面形成均匀的矿化层，呈现出一种温润的色彩。卣顶部的盖子是一只站立的、形似鹿的小兽，栩栩如生，卣的肩部有提梁，虎粗壮的后爪和卷曲的尾部形成了三角形，成为了整个器物稳健的支点。整个青铜器不但具有庄严威猛的气势，更呈现出中国商代精美的青铜铸造工艺。此后这件精美的青铜虎卣，便落户于法国赛努奇博物馆。到目前为止，再也没有出现过类似的青铜器。

关于虎食人卣造型所要表达的意义，学者专家们一直争论不休，主要有以下五种看法：

一、体现了统治者的专横残暴，以此造型威吓奴隶。虎是奴隶主阶级的象征，人是奴隶的代表。

二、将人兽关系看作人借助动物的力量沟通天地。

三、象征人的自我与具有神性的动物的统一，以便获得动物的保护。

四、虎食人实际反映了"虎食鬼"的神话，即以威猛的虎驱逐恶鬼，取避邪之用。

五、虎代表自然界，象征人对自然的恐惧，但又必须附着自然，表现出人性的软弱。

笔者认为，这些解释都有些牵强附会，主观想象成分太多。实际上，根据虎卣造型本身来看，老虎和人相互拥抱，没有显示出老虎对人的征服、占有，也没表现人对老虎的挣脱、畏惧。相反，它体现出的是一种平静、信任与两者相互配合的协调。他们究竟在干什么呢？其实很可能是一只驯兽师在做类似于今天马戏团的表演，表演者将头伸进老虎张开的嘴巴，这只老虎因驯服于人，则很配合地张大嘴，却不会真咬他。虎卣中的人像，五官粗犷，人中处的那个疤痕可能是之前训练时，被老虎牙齿刮伤而留下的，其手脚只有四指的造型则可能是这一职业从业者的独特象征。他在表演中转过头来，望向的侧面则可能是观看表演的主席台，以此增加表演的滑稽性。虎头上立的小鹿应该也是驯兽师的伙伴，它登到老虎头上，也侧面说明了老虎脾气温顺。

古人认为通巫术者能够通兽语，驯服野兽，而虎卣则可能是这一传说的物证。另外，卣是一种酒器，即喝酒时使用的器皿。喝酒的场合自然是轻松愉快的，用虎卣这样一种有趣的造型，则更能为喝酒助兴。为什么古人就不能是轻松活泼而充满生活情趣的呢？这样看来，现在比较流行的"虎食人卣"的名称就不符合实际了。改成什么比较好呢？这个问题就留给充满智慧的读者吧。

86　青铜兽形安足

在美国纳尔逊阿特金斯博物馆的中国青铜器展厅里，两个呈站立姿势的青铜兽吸引着参观者们的注意。两只怪兽双目深陷，嘴部突出，身躯饱满，有嵌金纹饰。立兽的双臂上推，似负重般，神情严肃，其中的一只右臂虽有残缺，但从外形来看的话，依旧能够看出中国古代青铜器工匠们巧夺天工的技艺。在法国的集美博物馆，也有两个和它们的外形一模一样的青铜器。这四件青铜器虽然分属于两个国家的博物馆，但是您能想到吗？它们竟然是一组成套的文物，而且都出土于同一个地方——中国河南省的金村。金村为什么会出土这么多青铜器呢？这些文物又是如何流落到国外的呢？

青铜安足像

（纳尔逊阿特金斯博物馆和法国集美博物馆藏）

金村位于中国河南省洛阳市的孟津县，在20世纪二三十年代，村里总是接二连三地发生怪事。金村的地下水位很高，一个身体健壮的小伙子随便拿把铁锹挖井，一天之内就能挖出地下水。可是，刚刚挖好的水井第二天就干涸了。不然，就是打了一天的水井，水位还不到膝盖。村民收工回家，第二天再去看，水竟然都溢出了井口。村民们百思不得其解，只能把这种现象叫作"串井"。说到金村的奇怪事，还不止这些，一到雷雨天气，天上雷声轰隆，地下竟然也跟着传出轰鸣的声音。有人猜测，这是不是龙脉在跳？所有的谜团在1928年被揭开。

　　1928年初秋，洛阳一带突降暴雨，金村地区的农田突然塌陷，耕地里露出了一个洞。一个村民壮着胆子钻了进去，竟然发现洞里堆满了成组成套的青铜器。村民请了懂行的人来看看这个洞，请来的人说，难怪这里打井不顺畅，原来井水都渗到墓道里去了，估计这一带地下都是古墓，而且可能还都是大墓。原来金村井水的不稳定，是由于古墓影响了地下水的分布，继而造成井水忽高忽低，才出现"串井"现象。而雷雨天地下的轰鸣声，则是古墓中青铜器与雷声产生共鸣而发出的声音。

　　金村有古墓的消息很快就传了出去，众多垂涎宝物的人蜂拥而至。当时，村民还请了对墓地有研究的专家认真查看了现场。专家说，金村的墓似乎是天子墓。村民因此知道，墓里的东西都是宝贝，可以卖钱，一件脏兮兮的罐子说不定就能换来一头牛。这下村民兴奋起来，他们都想到大墓下弄些宝贝回家。令他们惊讶的是，虽然这些东西在地下埋藏了成百上千年，但都保存得很好。

　　金村挖到大墓的消息不胫而走，当时在开封传教的加拿大人怀履光和美国人华尔纳一听洛阳挖出了宝贝，就连忙赶到了金村。根据一些文献记载，怀履光是基督教河南圣公会的主教，1910年来到中国，在中国居住了40年，在开封、商丘、洛阳等地建教堂、办学校、开医院，做了许多慈善和社会救济工作，并培养了一些中国神职人员。有人说怀履光来到金村并非是为了盗取文物，他得到了当时河南省博物馆的首肯。怀履光热爱中国文化，熟悉文物，认识许多中国学者，彼此常有往来，还翻译了拓片上的古文字，向世界介绍中国文化。这样看来，他似乎仅仅是个中国文化的爱好者。然而，正是这样一位中国文化的爱好者，利用主教身份，大肆攫取河南文物，尤其是对洛阳两座周代大墓进行破坏性盗掘，致使大量珍贵文物流散到了国外。

　　怀履光来到金村后，发现金村地下简直就是一个博物馆。从1928年开始，他引诱当地百姓一起盗墓，一直在金村挖了六年。盗墓者荷枪实弹守卫金村大墓，甚至在大墓旁搭棚立灶，长期驻扎。六年中，盗墓者一共掘开了八座大墓，挖掘出精美的文物数千件。装载着珍宝的车辆开始马不停蹄地往返于金村和洛阳两地，怀履光将文物放在马车上，先送到当时的洛阳火车站，然后运到上海，最后从上海投运出国。

据不完全统计，金村大墓被盗文物流散于美国、日本、英国、法国等十多个国家，大多数文物现在被法国巴黎国立人类学博物馆、加拿大皇家安大略博物馆、美国堪萨斯城的纳尔逊艺术馆、美国佛利尔艺术馆等收藏，还有一些文物成了私人收藏。怀履光回到加拿大后，将一部分文物私藏于己，还有一部分转手倒卖。文物历经多次买卖，最终流落世界各地。

现在，美国纳尔逊阿特金斯博物馆内所陈列的两个青铜兽，正是金村大墓中出土的文物，它们经过多次买卖后，由收藏者捐献给博物馆。博物馆的参观者们常常在这两个青铜兽前伫立良久，可能吸引他们的不只是青铜兽栩栩如生的造型，更令人好奇的是它们的用途。毕竟，单看造型，很难猜到两个青铜兽的用途。但若把它们与法国集美博物馆的另外两只相同造型的青铜兽集到一起后，答案就一目了然。四只小兽应该是在共同托举一个桌面，很可能是棋盘。

复原后的托举棋盘

经专家考证，小青铜兽也有个固定的名词——安足。立兽造型是安足丰富多样造型中的一种。古代贵族为显身份，常以青铜安足托举棋盘。金村出土的这四只青铜安足饰有错金银纹，造型典雅庄重，置于棋盘四角，的确实用且精美。

　　遗憾的是，现在已很难研究清楚棋盘的使用者是谁了，因为金村大墓被盗掘破坏严重，而文物又流失世界各地，一个棋盘的四只安足竟然分隔两大洲，就更别说其他文物了。这使得考古学家根本没办法进行系统研究，也使墓主人的身份成了永远的谜团。

87　母狼哺乳铜像与罗马建城的传说

在意大利首都罗马的帕拉佐博物馆里，陈列着一座著名的青铜雕像：一只母狼露出尖锐的牙齿，警惕地注视着前方，在它腹下有两个男婴正咬着母狼的乳头吮吸。母狼是公元500～600年的作品，两个跪乳婴儿则是在文艺复兴时期后添加的。这二婴一狼的铜雕组合，是罗马建城的象征。

母狼乳婴铜雕

（罗马维拉·尼亚博物馆藏）

这两个婴儿是一对双胞胎，哥哥叫罗穆路斯（Romulus），弟弟叫瑞摩斯（Remus），他们是罗马神话中战神玛尔斯和美神阿佛洛狄忒的后代所生。据传说，古代特洛伊陷落以后，希腊神话中特洛伊英雄、美神阿佛洛狄忒的儿子埃尼阿斯带领一些保卫城市的人逃了出来。逃亡者的船只在大海里漂泊了很久，最后海风把他们吹到岸边。疲惫不堪的逃亡者上了岸，决定在这里定居下来，这就是意大利东岸，台伯河畔拉丁姆区。埃尼阿斯的儿子在拉丁姆区建立了一座城市，命名为阿尔巴隆加城。

多年以后，埃尼阿斯的后代努米特成为阿尔巴隆加的国王，而他的弟弟阿穆利乌斯则获得了家传宝藏，其中包括埃尼阿斯带来的特洛伊的金子。阿穆利乌斯是一个阴险残暴的人，他自己想做统治者，便不择手段，推翻了努米特的领导，窃取了政权。为防止报复和消灭将来的王权竞争者，阿穆利乌斯下令杀死他的侄子，又强迫他的侄女——努米特唯一的女儿西里维亚去做弗斯塔神的女祭司。因为祭司不能结婚，阿穆利乌斯以为这样便可以高枕无忧了。

西里维亚在维斯塔庙成为女祭司后，却在一天被闯入神庙的战神玛尔斯强奸。西里维亚生下了两个异常健壮和美丽的双胞胎男孩：罗穆路斯和瑞摩斯。阿穆利乌斯因此气急败坏，下令按照规定将西尔维亚活埋，并让一个女仆把两个婴儿扔到河里去。女仆不忍杀害弟兄俩，因此将他们的摇篮放在台伯河畔，河涨水时稳稳地将摇篮带走了。

台伯河的河神保护罗穆路斯和瑞摩斯，最后将他们的摇篮引导到维拉布鲁姆沼泽的一颗榕树下。随后河神将双胞胎带到帕拉蒂尼山上，在一颗榕树下一条母狼饲养了兄弟俩，还有一只啄木鸟给他们喂食。狼和啄木鸟均是战神玛尔斯派来的圣兽。

后来阿尔巴隆加的一名牧羊人法斯土路思发现了兄弟俩并将他们带回家，法斯土路思和他的妻子阿卡·拉伦缇亚决定将他们抚养成人。后来牧人经过多方打听，知道了两个孩子的身世，但对此一直守口如瓶。在牧人的精心教育下，这对孪生兄弟长大了。由于他们每天跟随牧人出去打猎，锻炼成了敏捷、强壮的青年，而且力大无比。

一天，牧人把他们身世的秘密告诉了兄弟两人。兄弟俩听了以后，决心杀死阿穆利乌斯，为自己的母亲和舅父报仇雪恨。罗穆路斯与瑞摩斯一起领导阿尔巴隆加城人民起义，杀死了残暴的阿穆利乌斯，又找到隐居乡间的外公努米特，把政权还给了他。

罗穆路斯和瑞摩斯做完这些事后，不愿再留在阿尔巴隆加城，他们决定在昔日河水退去，他们幸存下来的地方建立新城。罗穆路斯和瑞摩斯到达帕拉蒂尼山后，因为建城观点不同，发生了激烈的争吵。他们决定通过观鸟和看神的意志来解决这场争论。他们每人在自己想建城的地方坐下，看代表父亲玛尔斯意志的圣鸟鹫更多飞临谁的地盘。罗穆路斯看到了12只，瑞摩斯只看到6只。

瑞摩斯对罗穆卢斯的胜利非常生气。当罗穆卢斯于前753年4月21日开始挖沟建他的城墙时，瑞摩斯破坏了部分工程，阻碍了其他工程。罗穆卢斯大怒，杀死了瑞摩斯，将他埋葬后继续建城。后来他以自己的名字命名这座城市为罗马（Roman），并成为其第一任执政者。

尽管这是一个美丽的传说，但今天的罗马人依然相信罗马城是罗穆卢斯兄弟用智慧和生命建成的，也相信他们是战神玛尔斯与美神阿佛洛狄忒的后裔，依然铭记并传承着这种精神与气节。母狼哺婴的铜雕，则是对这段人神不分的罗马建城史的最好纪念。

88 宙斯铜像

在希腊国家考古博物馆中，陈列着一尊巨大的青铜雕像。他身材健美、体格匀称，赤身裸体，肌肉有着清晰的轮廓和线条，双臂张开，左手前伸，右手微举，全神贯注，似乎要迸发出千钧之力，显然处于紧张的战备状态。由于铜像手中所执武器已经遗失，无法确定铜像的身份，如果手中的武器为三叉戟，则是海神波塞冬之像；如果是一团雷电，则应该是古希腊人的主神——宙斯。

这尊雕像高2.09米，以青铜精铸，无论是神态的表现，还是对人体结构的刻画，风格都非常严谨。不管铜像刻画的是波塞冬还是宙斯，都通过雕塑完美表达了英雄人物的精神状态，真实地体现了希腊古典时期的精神和希腊民族的英雄气概，是世界美术史上的名作，也是希腊国家考古博物馆的镇馆之宝。

宙斯铜像
（希腊国家考古博物馆藏）

经测定，这尊铜像已有两千五百多岁，也就是说，它诞生于古希腊时期。据推测，应该产生于著名的希波战争期间，可能是古希腊人为纪念一次著名的大海战——萨拉米湾海战的胜利而作。

公元前480年春，波斯王薛西斯一世亲率100个民族组成的30万大军、战舰1207艘（有学者认为是800艘），渡过赫勒斯滂海峡，分水陆两路远征希腊。希腊联军只有陆军11万，战舰400艘，且被封在萨拉米斯海湾内。希腊海军派人假装逃兵，向波斯王谎报希腊舰队内讧，应即时出兵，结果成功引诱波斯王下令全军巨型战舰驶进海湾攻击希腊舰船。希腊舰队隐藏在艾加莱奥斯山后，编成两线战斗队形，勇敢地发起攻击。萨拉米湾甚为狭窄，波斯的巨型战舰不能自由行驶，而希腊的战舰小巧迅速，希腊舰队在提米斯托克利的指挥下，以船头的撞角来击波斯战舰的侧面，致使波斯舰队方寸大乱，经过一天激战，成功击溃波斯舰队。波斯海军遭受重大损失，新征希腊的薛西斯一世深恐后路被切断，仓皇败逃回国。

萨拉米斯海战奠定了希腊作为海上强邦的基础，强大无比的波斯帝国却从此走向衰落。希腊人认为，是神祇的暗中帮助才获得了这场以少胜多的伟大胜利，因此铸成铜像作为纪念。后来，铜像被当作战利品从希腊运往罗马，中途遇险沉入海底，直到1928年才从海底打捞上岸。

第二次世界大战以后，希腊政府特意将它的复制品赠送给联合国，作为人类文化的优秀遗产，置于纽约市曼哈顿区的东侧联合国总部大厦中央大厅，供世界各国人民观赏。

88
宙斯铜像

89　四战俘铜像

在法国巴黎卢浮宫的雕塑馆室外展览大厅里，有一组四人铜雕格外引人注目。他们坐朝四个不同的方向，虽然看上去体格健硕，却衣不蔽体，有的双手被绳索捆绑，似乎正在挣扎，浑身显露疲惫之态，面部表情写满愤怒、恐惧、疑惑和绝望。而在他们身边，则放置着头盔、盾牌和短剑，显然是被缴获的战斗工具。至此，你或许已猜出他们的身份。没错，他们是四位战俘的形象，是根据历史上真实的四位战俘雕塑而成的。那么，这四位战俘来自何处，是在哪一场战争中被俘虏，又是谁下令雕塑的呢？让我们把视线转移到欧洲大陆的历史上来。

四战俘铜像

（巴黎卢浮宫藏）

法王路易十四于1661年亲政后，励精图治，希望能够称霸全欧洲。他在1667年对西班牙开战，发动了所谓的遗产战争，但这引起了西班牙盟友荷兰的干涉。荷兰担心法国的过分扩张，会影响到欧洲其他国家的安全，便通过外交手段，联络英国、瑞典结成三角同盟，逼法国与西班牙签订合约，退还已占领的地区。路易十四此时尚无力对抗三角同盟，只好答应荷兰的要求，但由此也在内心种下了对荷兰的深刻仇恨。

不甘心的路易十四并未改变称霸欧洲的野心，他在大规模扩军后，施展外交手腕，利用英国与荷兰的间隙挑拨两国关系，又收买了瑞典，得到其保持中立的承诺，由此拆散了三角同盟。随后，法国又与英国结成盟国，约定共同攻打荷兰。1672年，法国向荷兰宣战，法荷战争爆发。法国派出12万大军进攻荷兰，并依靠全新的攻城技术，一举击溃荷兰堡垒，长驱直入，迅速占领荷兰大部分国土，随后又分兵之半攻打西班牙。

荷兰人在绝境中爆发出强烈的战斗欲望，共同推举奥兰治亲王威廉三世为新的领袖，誓与法国人战斗到底。威廉三世执政后，与西班牙、奥地利、普鲁士、洛林公国等结盟，迫使法国分散兵力四处作战。随后荷兰在盟军的帮助下收复了大部分国土。此时，法国再次开展外交手段，用重金拉拢原为中立国的瑞典，与之结盟，诱使瑞典从后方攻击荷兰的盟友勃兰登堡和神圣罗马帝国。瑞典是北欧强国，它的参战使胜利的天平开始向法国倾斜，荷兰及其盟国在战争中逐渐落入下风。1677年，威廉三世对英国外交取得成功，迎娶英国王位的继承者玛丽公主，预示英国将加入反法同盟。路易十四面对此情形，决定在英国介入前奋力一搏，迅速占据压倒性优势，逼迫对手走上谈判桌。法国最终如愿以偿，于1678年同荷兰等国签订《奈梅亨条约》，结束了战争。

通过战争和条约，法国攫取了巨大利益，正式走进称霸欧洲的时代。路易十四也赢得了"太阳王"的称号。为了纪念自己的丰功伟绩，路易十四决定将战场上俘虏来的反法同盟的战俘，按照其原型制作成铜塑，并将自己伟岸的铜塑放在他们中间，显示出自己征服的力量和敌人的屈服。

然而我们今天只能看到四战俘的雕塑，原本立在中间的路易十四雕塑却不见了。它去了哪儿呢？原来，在法国大革命期间，对统治阶层愤恨的人们，将路易十四视为压迫他们的暴君的代表，愤而将其铜雕推倒熔化。而四战俘却作为被压迫和奴役的象征被保留下来，他们被起义的人们引为同道，赢得了怜悯和同情。这大概也是路易十四当初没有想到的结果吧！

90 地 狱 之 门

　　文艺复兴时期的先驱但丁在其经典名著《神曲》中，描述了地狱的景象。但丁笔下的地狱是一个大漏斗，共分九层，从上到下逐渐缩小，中心在耶路撒冷，每一层代表人类不同的罪恶，越向下所控制的灵魂罪恶越深重，地狱里充满了恐怖、酷刑、痛苦与绝望。《神曲·地狱篇》中塑造的场景，给后来法国伟大的雕塑家奥古斯特·罗丹以灵感，后者据此创作了史诗级的青铜雕塑《地域之门》。

　　1880 年法国政府委托罗丹为即将动工的法国工艺美术馆的青铜大门做装饰雕刻。罗丹在构思这件作品时首先想到了吉贝尔蒂为佛罗伦萨洗礼堂所作的青铜浮雕大门《天堂之门》，他决定以但丁《神曲·地狱篇》为主题，创作一件人间地狱的雕塑——《地狱之门》。罗丹从 40 岁起开始创作《地狱之门》，直到 1917 年去世为止。在罗丹接受任务后的 37 年的时间里，他将主要精力投入到这件作品的创作中。他每天工作十六七个小时，有时甚至还要长。法国政府拨给他一笔款项和一间大工作室，罗丹自己又另外租了两间工作室，他轮流在三个工作室里工作，以便同时进行数个创作。

　　《地狱之门》激发了罗丹无边的想象力，在完成这次创作的过程中，他在雕塑技巧的方面也达到了登峰造极的程度。在《地狱之门》以前的建筑装饰雕刻通常都是按照雕塑所表现的故事情节将构图进行平均的分割，在布局上较为规整。而罗丹将《地狱之门》整个作为一个大构图，并且只表现了一个地狱的主题："你们来到这里，放弃一切希望！"这件雕塑整个看去，铺天盖地而来，187 个人体急风暴雨般地交织在一起，在大门的每个角落都拥挤着落入地狱的人们。整个大门平面上起伏交错着高浮雕和浅浮雕，它们在光线照射下，形成了错综变幻的暗影，使整个大门显得阴森沉郁，充满无法平静的恐怖情绪。

　　《地狱之门》的门楣上方是三个模样相同，低垂着头颅的男性雕塑，被称为

"三个影子"，他们的视线将观者的目光引入"地狱"。门楣下面的横幅是地狱的入口，即将被打入地狱的罪人们在做着最后的痛苦挣扎；横幅的中央是一个比周围人体的尺寸要大的男性，他手托着腮陷入沉思，被称为"思想者"。横幅之下，大门的中缝将构图自然地分为两个部分，但两个部分在内容上是整体的，描绘的是数不清的罪恶灵魂正在落入地狱，他们痛苦而绝望地挣扎着。值得注意的是，这座大门上所有的人都是裸体。

地狱之门

（罗丹美术馆藏）

《思想者》后来被单独制成了高达两米的青铜雕像，同《地狱之门》一同陈列在巴黎罗丹艺术博物馆的露天花园内，两相对望，相距不过百米。而这尊独立的《思想者》铜雕，在名气上却超越了《地域之门》，当其脱离原来整体的环境后，许多人不知道他是在凝视何处，沉思何物。

思想者

（罗丹美术馆藏）

　　《思想者》采用了现实主义手法来表达人文主义精神。雕像人物俯首而坐，把右肘放在左膝上，手托着下巴和嘴唇，目光下视，表情痛苦地陷入深思、冥想之中。罗丹用此形象来象征诗人但丁，也象征他自己，甚至全人类，该雕像表达了但丁对地狱中的种种罪恶以及眼前的人间悲剧进行思考，在对人类表示同情与爱惜的同时，内心也隐藏着苦闷以及强烈的思想矛盾。而前额与眉弓突出但双目下凹以致出现黑影、加上压弯的肋骨和紧张的肌肉、紧收的小腿肌腱以及痉挛弯曲的脚趾则体现出人物内心的极度压抑和隐藏的痛苦。

对于为何人物形象以裸体出现，概因罗丹想以米开朗基罗英雄式的艺术形象来表达智慧与诗意，他解析道："一个人的形象和姿态必然显露出他心中的情感，形体表达内在精神。对于懂得这样看法的人，裸体是最具有丰富意义的。"后来，《思想者》也成为代表罗丹最高艺术成就的作品。

91 丹麦小美人鱼铜像

如果说提及一座铜像便使人联想到一个国家的话，那么它一定是丹麦的《小美人鱼》铜像。《小美人鱼》铜像坐落在丹麦哥本哈根市中心东北部的长堤公园，这位人身鱼尾的美人约高1.5米，坐在一块直径约1.8米的花岗岩石头上。远远望去，她恬静娴雅，悠闲自得地扭头望着波澜起伏的大海。在《海的女儿》中，大海是她的故乡，那是安徒生童话最著名的篇章之一，感动过世界各地无数少年儿童的故事。

在安徒生的童话世界里，小美人鱼是海王最小的女儿，无忧无虑地生活在大海中。她拥有天使般美丽的容貌和夜莺般动听的歌喉。按照海底皇宫的规矩，美人鱼们只有到了15岁，才有机会浮出海面，看看人类的世界。美丽的小美人鱼终于等到了这一天。

一天，小美人鱼正在海边玩，突然发现一位王子溺水了。小美人鱼奋力救活了这位王子，同时也深深地爱上了他。为了能跟王子长相厮守，她找到了海底的女巫师，请求把自己的鱼尾变成人的双腿。但巫师提出，要以小美人鱼银铃般的声音作为交换。巫师还警告说，一旦王子日后移情别恋，她就会变成海上的泡沫死去。为了追求爱情，这些话都没有让小美人鱼动摇，她毅然喝下了变身药水，尾巴变成了修长的美腿，可她从此也失去了说话的能力。

谁料就在这个时候，另一位美丽的公主闯了进来。这位公主唤醒了仍在昏迷中的王子。王子误以为是她救了自己，两人一下子坠入爱河。可怜的小美人鱼已经不能说话，无法向王子表述自己的所作所为和对他的爱慕之情，只能一个人默默地伤心落泪。

后来，王子即将结婚的消息传来，小美人鱼伤心欲绝。按照巫师的咒语，小美人鱼将化作泡沫死去。但巫师告诉小美人鱼，还有一个破解咒语的最终办法，就是用刀刺进王子的心脏，让他的血滴在她的脚上。这样，她还可以变回当初的小美人鱼，但善良的小美人鱼依然深爱着王子，不忍心伤害他。于是，她没听姐妹们的劝阻，最终化作海中的泡沫逝去。

小美人鱼

（丹麦哥本哈根长堤公园）

　　有人说，这个故事中美人鱼的原型几乎就是安徒生自己。安徒生年轻时有过青梅竹马的初恋情人，他曾疯狂追求过邻家女孩福格特，但由于家庭条件相差悬殊，他们最终没能走到一起。在安徒生26岁那年，福格特嫁给了当地的一个富家子弟，从此安徒生对爱情心灰意冷，决心独守终身。在安徒生去世那天，人们发现他的脖子上挂着一个小皮袋子，里面竟装着福格特当年写给他的信。

　　后来，《海的女儿》被编成芭蕾舞剧搬上了舞台，引起了社会轰动。新嘉士伯啤酒公司的创始人卡尔雅各布森在皇家剧院观看了表演后，深受感动，产生了要为小美人鱼制作一座铜像的想法。他认为，安徒生的童话在艺术中已有芭蕾舞、音乐及油画等形式，唯独缺少一座雕像。于是卡尔·雅各布森就同雕塑家艾瑞克森商量，希望艾瑞克森用雕刻艺术来表现美人鱼，雅各布森还为此邀请艾瑞克森观看了芭蕾舞剧《海的女儿》。艾瑞克森从芭蕾舞剧中获得了灵感，并构思了铜像的形态。

　　起初，芭蕾舞剧的女主角艾伦·帕丽丝是艾瑞克森雕塑美人鱼的模特。但不久之后，艾瑞克森对帕丽丝产生了感情，帕丽丝也有了艾瑞克森的骨肉，艾瑞克森的未婚妻爱琳得知后十分生气。帕丽丝为了不连累艾瑞克森，只好带着孩子嫁给了别人。爱琳却将帕丽丝与艾瑞克森的事告诉了帕丽丝的丈夫，帕丽丝因此受到了丈夫的虐待，最后因精神分裂而死。后来，艾瑞克森把他的妻子作为模特，铸成了这座美人鱼铜像。但是，艾瑞克森虽然表面上选择妻子作为模特，心中却始终有另一个模特抹不去的身影。只有帕丽丝家族的人才知道，那永驻海边的女子从神情到气质，分明是帕丽丝的化身。

　　很多年后，每当黄昏，波罗的海边便会出现一个白发苍苍的老人，他和《小美人鱼》，更是和他朝思暮想的帕丽丝，并肩远望着大海。

　　《小美人鱼》的铜像制作背后竟然隐藏了这些现实中的爱情悲剧，也让铜像添上了忧伤的色彩。所以，当走进铜像仔细端详《小美人鱼》时，你才会发现她实际上表现出的是神情忧郁，闷闷不乐，隐隐露出痛苦与失神。那应该是与王子诀别时的场景，又或许是创作者艾瑞克森在得知恋人艾伦·帕丽丝的悲惨遭遇后的情感表达。

　　如今，《小美人鱼》已不仅是哥本哈根的象征，也是丹麦人浪漫纯真的反映，她吸引着世界游客慕名而来。丹麦人也将《小美人鱼》视为国宝，自从铜像落成后，每年都会为她庆祝生日。2013年8月23日，《小美人鱼》100岁了，人们举行了盛大的庆祝活动，从上午到下午，通过各种形式纪念。下午四时许，庆祝活动进入高潮，100名身着泳装的少女乘敞篷游船抵达《小美人鱼》雕像旁的海域，瞬间化作美人鱼，一起纵身跃入哥本哈根海港清澈的海水里，在《小美人鱼》周围欢快地游弋，再现一幅活生生的美人鱼童话场景。最后，她们在水中组成了阿拉伯数字"100"的队形，以此向安徒生和《小美人鱼》以及雕像作者爱德华·埃里克森表达敬意。《小美人鱼》已成为丹麦文化的代表，为全世界所喜爱，同时她也是人类对纯真爱情的共同向往。

92 华沙美人鱼铜像

丹麦哥本哈根的小美人鱼的故事和铜像世人皆知，而在波罗的海南岸、维斯瓦河西岸的波兰首都华沙也有一座著名的美人鱼铜雕，她的造型及背后的故事都与小美人鱼迥异，但她却与小美人鱼一样，被华沙人民视为城徽。

在波兰，出海口在波罗的海的维斯瓦河，传说有美人鱼。当时有一个名叫华尔的男青年和一个名叫沙娃的女青年结伴，乘舟来到现在的波兰首都华沙开拓家园，当时河中的美人鱼是他们的见证人和庇护者。这里逐渐发展成一座城市，后人为了纪念他们，便把他俩人的名字合称"华沙"作为该城的名称。河中的美人鱼也被视为华沙城的守护神。1855年，华沙第一个美人鱼铜像诞生，被放置在华沙古城市场中心，见证市场的繁荣和生活的安宁。

然而，到了20世纪30年代，德国希特勒上台以后，积极扩军备战，战争的乌云密布整个欧洲大陆。波兰与德国、苏联接壤，又曾与英法结盟，而在希特勒纵横捭阖的外交手腕下，波兰的选择游移不定，左右失据，一步步使自己进入危险孤立的境地。到1936年时，德国入侵波兰的意图已经昭然若揭，局势的发展使国内有识之士忧心忡忡。

这时，波兰著名雕刻家鲁德维卡·尼茨霍娃拿起了刻刀，决心重塑华沙保护神——美人鱼的铜像，以此唤起人们战斗的精神和保卫国家的意志。在这一强烈信念的驱使下，她创作的《华沙美人鱼》与丹麦《小美人鱼》的形象迥然不同。

《华沙美人鱼》身高2.5米，上身是位端庄文静而又英俊无畏的美丽少女。她头发卷曲，眉清目秀。右手举宝剑过顶，左手执盾牌护身，双目凝视远方，眉宇间洋溢的浩然正气，表现出波兰民族坚贞不屈的性格。坚实的碑座将塑像高高托起，更突出了美人鱼那英勇无畏的身姿。引人注目的是，《华沙美人鱼》下身不是一整块鱼鳍，而是两条腿，腿的边沿雕成鱼的鳞翅，在腿的终端才合成鱼尾。少女的上身稍向后挺立，给人以稳健之感；而她手持宝剑举过头顶，向后上方翘起的鱼尾好像尾舵，再加上双膝和尾部的海浪波纹，都给人以前进的感觉，好像航船已沿着明确的航向破浪前进，胜利在望，给人以极强的感染力。整座雕像集俊美与力量于一身，栩栩如生。确切地说，这是一位美人鱼战士，挥舞的尖刀和架起的盾牌都在号召波兰人民英勇地拿起武器，保卫自己的家园。铜像于1937年完成，1938年竖立在维斯瓦河畔。

华沙美人鱼铜像
(波兰华沙)

然而，波兰在1939年遭遇了一百多万德军的闪击战，苏联则从东侧派百万大军夹击。由于实力悬殊，波兰全境很快被占领。当德军坦克开入华沙城时，《华沙美人鱼》铜像则不翼而飞。原来，华沙人民在城陷之前就将她悄悄移走，妥善藏护起来。她象征着波兰人对压迫的反抗、对自由的渴望和永不放弃的战斗精神。

战争席卷欧洲大陆，一部分波兰人武装成游击队抗击法西斯，而德军从最初的所向披靡，到逐渐陷入泥潭。当英法美联军于1944年6月在诺曼底登陆时，法西斯的覆灭已指日可待了。同年8月1日，华沙人民举行了反抗法西斯压迫的全民大起义，起义遭到残酷镇压，最终失败，而《华沙美人鱼》铜像也遭到严重破坏。这是华沙人民在迎来黎明前最为黑暗的时光。而作为《华沙美人鱼》雕像模特的女诗人，年轻美丽、年仅30岁的克雷斯蒂娜·克拉赫尔斯卡也在这次起义中牺牲了。

第二次世界大战胜利后，华沙人民将《华沙美人鱼》铜像重新安放在维斯瓦河畔。伴随着日夜流淌的河水的，是对和平的永恒向往。

93 圣彼得堡青铜骑士像

在俄罗斯圣彼得堡十二月党人广场前，有一尊青铜骑士像屹立于巨型花岗岩石块上，那雄姿英发的骑马者，便是俄罗斯历史上最伟大的沙皇——彼得大帝。彼得大帝在位时间是1682～1725年，相当于中国的康熙到雍正年间。他在位时励精图治，锐意改革，兴办工厂，发展贸易，振兴教育，繁荣文化，使俄国彻底摆脱了老旧沙俄帝国的形象，走向了全面的现代化。彼得大帝在一片荒原上营建新城圣彼得堡并定都于此，推行扩张政策，战胜强敌瑞典，取得了波罗的海的出海口，从而窥视中欧、西欧，又战胜波斯，取得里海沿岸一带领地，使俄罗斯成为当时欧洲最为强大的帝国。然而，《青铜骑士》雕像却不是彼得大帝为自己建造的，它的建造者是另一位杰出的女性沙皇——叶卡捷琳娜二世。

青铜骑士

（俄罗斯圣彼得堡十二月党人广场）

叶卡捷琳娜二世

　　叶卡捷琳娜二世是德国安哈尔特-查尔布斯特亲王之女，同时也是俄罗斯留里克王朝特维尔大公后裔。1744年被俄罗斯女皇伊丽莎白挑选为皇位继承人彼得三世的未婚妻，次年与彼得三世完婚并皈依东正教，改用现名叶卡捷琳娜。然而，两人婚后生活并不幸福，由于是政治联姻，皇储彼得三世并不喜欢相貌平平的叶卡捷琳娜，以致两人婚后五年仍无子嗣。叶卡捷琳娜则利用幽处深宫的时间积极学习俄语，阅读了大量的书籍，包括法国思想家伏尔泰的作品，还有德国史、哲学史乃至孟德斯鸠《论法的精神》等大量著作。

然而，她与彼得三世的关系却越来越疏远紧张，矛盾日益激化。为了维护自己的安全，她也比较注意联络宫廷大臣，争取到他们的支持。当伊丽莎白女皇即将逝世时，叶卡捷琳娜不得不面对的一个问题是，彼得三世继位后，她该何去何从。1761年底，伊丽莎白去世，彼得三世继位，叶卡捷琳娜的处境日益凶险，二人的关系已势同水火。1762年6月底，叶卡捷琳娜在取得近卫军和宫内重臣的支持后，决定先发制人，发动政变推翻了彼得三世，自己登基称帝，由此成为俄罗斯帝国的第八位皇帝，第四位女皇。

众人皆知的是，从彼得大帝规定的皇位继承法来看，叶卡捷琳娜的做法无疑是谋权篡位，在法律上站不住脚，于是叶卡捷琳娜登基后的第一件事就是昭告天下，解释她获得政权的合法性。同时先后两次签署宣言，大做道义文章，痛陈彼得三世的倒行逆施，把彼得三世的许多行为描述成国家层面上对俄罗斯的背叛和犯罪，所以发动政变属于不得已而为之。再后来，她还找来法国著名的雕塑家法尔科耐塑造了彼得大帝的《青铜骑士》像，表明自己才是他最好的继承者。

让我们仔细端详一下这座铜像：那铜像底座重达40吨的一整块花岗石是在圣彼得堡芬兰湾处找到的，用了5个月的时间运到铜像所在地，在花岗石上面刻着"叶卡捷林娜二世纪念彼得大帝一世于1782年8月"的字样。青铜塑成的彼得大帝两眼炯炯有神，目视前方，左手执马缰，右手以抚平天下的姿态悬空向前，气宇轩昂，所骑的骏马代表俄罗斯，它双脚腾空，好像要冲破一切阻力勇往直前。在马掌下有一个踏死的大蛇，也是以青铜塑成，它代表了一切阻止彼得大帝改革维新的守旧派。正如雕塑展示的一样，彼得大帝冲破了重重阻力，在这片沼泽地建起了这座美丽的城市圣彼得堡，并建都于此，把落后、封建、贫穷的俄罗斯，带向了兴盛与繁荣。

叶卡捷琳娜登基后，思想开明，锐意进取，整顿朝纲国政，改革社会经济，继承了彼得大帝富国强兵之志，对外扩张，使俄罗斯再度中兴，称霸欧洲。她也成为彼得大帝之后俄罗斯最伟大的皇帝之一。因此，当我们凝视法尔科耐的杰作《青铜骑士》像时，也能够隐隐约约看到叶卡捷琳娜女皇的影子。

94 西班牙菲利普四世铜像

在西班牙马德里西部的东方广场周围，安放着来自西班牙不同时期的约20座铜雕像，均为西班牙历史上的国王，俨然已经成为了一座雕刻博物馆。菲利普四世的骑马像位于广场中央，这座塑像由西班牙著名画家委拉斯凯兹亲自设计，最后由意大利人佩德罗·塔卡于1640年完成，高达12米，直径17米，菲利普左手执缰绳，右手握着卷起的世界地图，以世界征服者的姿态看向远方，胯下骏马前蹄高高跃起，栩栩如生。然而，铜雕虽英俊伟岸，菲利普四世却并无与之相匹配的赫赫功勋，相反，西班牙帝国在他执政时，迅速走向衰落。

菲利普四世铜像

（西班牙马德里东方广场）

菲利普四世是西班牙哈布斯堡王朝的国王，老国王菲利普三世的长子，1621到1665年间在位。曾经称霸全球的西班牙帝国，早在菲利普二世时，就已初露衰败之兆。1588年，菲利普二世组织的西班牙无敌舰队败给英国，标志着西班牙海洋事业的没落，海上优势转入英国人之手。菲利普三世继位后，酷爱狩猎、戏剧和节日庆典，不理朝政，将政事悉数交给大臣处理，逐渐造成大权旁落，为权臣左右。在位期间还发生了与荷兰、英国、法国的战争，并卷入欧洲三十年战争，致使国库虚空。菲利普四世继位时，西班牙帝国亟待他整顿政务，复兴国势。

菲利普四世16岁登基，在位44年，而他又走了其父的老路，日夜游晏为乐，疏懒政事，依赖权臣，很快在对外军事和政治上遭受了一系列挫折。从1623年开始，西班牙独占美洲的局面已被他们打破，巴西部分地区、圣基茨、牙买加等地都被侵占。但这时候，他们在地中海仍然有强大的海军实力，可以抵抗奥斯曼海军和穆斯林海盗。1640年，他企图让加泰罗尼亚人承担一些军费开支，再加上法国的煽动，结果引起了当地国民的反叛。同年12月，葡萄牙爆发了独立运动，西班牙派兵镇压，而葡萄牙在法国的支持下打败了西班牙军队，最终脱离西班牙，建立起布拉干萨王朝，结束了西班牙长达60年的殖民统治。1642年，西班牙人又被荷兰人打败，被迫全部撤出台湾。在与法国的战争中，西班牙也落败，双方于1659年签订了《比利牛斯和约》，割让出鲁西永、富瓦、阿图瓦和大部分洛林给法国。与此同时，由于荷兰在印度尼西亚建立了强大的殖民基地，西班牙对于菲律宾只能处于守势。

所以，在菲利普四世统治时期，西班牙的陆地优势丧失，独占美洲的局面被打破，欧洲属地被割让，对菲律宾只能处于守势，葡萄牙取得独立，西班牙帝国处于解体时代，国势江河日下，一落千丈。而这一切原因都与菲利普四世的统治有关，他纵情声色犬马之乐，不喜繁难政务，所用非人，致使内外交困。他最应该为西班牙帝国的衰落负责。

然而就是这样一位昏庸无能的君王，在位时竟然给自己塑造了手握地图骑乘骏马征服天下的铜像，不知者还以为他是积极开疆扩土，带领国家走向富强的雄主明君呢。这也颠覆了我们以往对树立铜像的认识。但西班牙人是开明的，历史就是历史，没有必要把菲利普四世自我讴歌的铜像推倒，它也是历史的产物，只是在了解其背后历史的人看来，多了些滑稽和讽刺意味。

95 葡萄牙庞巴尔铜像

里斯本是葡萄牙的首都，位于该国西部，城北为辛特拉山，城南临塔古斯河，距离大西洋不到12公里，是欧洲大陆最西端的城市，南欧著名的都市之一。然而，你可能并不知道，这座被誉为"伊比利亚半岛明珠"的美丽港口城市，却是在一次大地震的废墟上重建起来的。当时葡萄牙的国王是约瑟一世，负责震后救灾和重建的是他最信赖和倚重的大臣庞巴尔。如今里斯本的庞巴尔侯爵广场中心，竖立着一座纪念碑似的高台，庞巴尔铜像屹立其上，望着城市和远处的蔚蓝海港。这是里斯本人民对庞巴尔的纪念。

1755年11月1日，葡萄牙首都里斯本太阳高照，晴空万里，像往常一样，港口停满了来自英国、荷兰、法国、丹麦、意大利的商船，显示出一片静谧和繁华，因为是万圣节，人们挤满了教堂和修道院，向天主献上虔诚的赞美和祈祷。上午9点20分左右，当主持祭祀的神父正在念念有词，大地却突然剧烈地晃动起来，人们顿感天旋地转，摔倒、挤压、乱作一团。地震在骤然间爆发，顷刻间里斯本成为一片废墟，满城都是倒塌的房屋、扬起的尘土和悲惨的嚎叫。求生的本能促使幸存的人们向城市最宽敞的地方涌去，塔古斯河边的港口以及皇宫所在地很快聚集了成千上万的人。突然有人惊叫，海水来了！只见远方的海水像涌动的山体一样向人们呼啸而来，转瞬卷走了人群，淹没了废墟，使里斯本雪上加霜。更为糟糕的是，在海水未到之处，原本为了节日庆祝用的蜡烛和油灯却在废墟中燃烧起来，烈火快速蔓延，火焰吞噬着残存的生命，浓烟笼罩着城市上空。短短数小时，里斯本已完全被地震、海啸和大火摧毁，变成人间地狱，呈现末日景象。

"这是天谴！是上帝对里斯本人民贪婪和堕落的惩罚！上帝要摧毁里斯本！"耶稣会神父四处散发消息。他们认为此事早有预兆，比如在地震发生前突然增多的死亡婴儿，以及天上出现的彗星，还有在里斯本上空游荡的复仇天使。因此，对于上帝的安排，人们就应无条件地接受，组织救灾是无济于事的，甚至是违逆上帝的旨意，人们在灾难面前唯一要做的就是向上帝祈祷，祈求宽恕。

震后，葡萄牙国王约瑟一世走出王宫，看着完全被摧毁的里斯本，绝望得甚至想迁都。他问庞巴尔："现在该怎么回应上帝公允的制裁？"庞巴尔回答："埋葬死者，确保生者。"约瑟一世将救灾和重建的任务交给了庞巴尔。

庞巴尔立即颁布施行了一系列救灾政令：将所有尸体迅速海葬，以避免瘟疫的发生；平抑物价，不准任意哄抬价格，保障市场秩序；将里斯本划分为12个区，派人分区负责救灾和秩序维护；规定居民不能随意出城，以保障有足够的人手参与救灾；调动全国资源，利用国际援助，迅速搭建起足够的简易房屋，保障人们过冬，等等。庞巴尔的措施避免了瘟疫、饥荒、混乱、寒冷的侵袭，稳定了人们的情绪。

在救灾的同时，庞巴尔还亲自设计了一份地震调查表，发给全国每一个教区。问题包括地震发生和持续的时间、震前地面和海洋是否有异常变化、居民和房屋破坏的程度、死亡人数、地方政府和教会反应的速度、是否有余震、地震后是否缺粮等问题。这里没有任何宗教和道德的问题，更没有涉及上帝和预言，只是客观事实的问答。这个至今还保留在葡萄牙国家档案馆的问卷被科学家命名为"庞巴尔问卷"。庞巴尔相信地震也可以用自然科学的法则来解释。在那个宗教思想占据统治地位的年代，这份问卷显得相当特殊，因此有人认为，庞巴尔问卷应该被视作现代地震学的开端。

在救灾的同时，庞巴尔一边与耶稣会势力的阻碍对抗，一边在头脑中酝酿重建里斯本的宏伟计划。在国王约瑟一世的支持下，他将耶稣会赶出了葡萄牙，并放手实施灾后重建计划。他请来经验丰富的设计师，依据理性与科学构建了重建方案，有些规定甚至影响到今日里斯本的城市格局。例如，震前的里斯本的中心是皇宫，庞巴尔则将其改为商业、政府和民居为主，这样原来的皇宫广场就成为今天的商业广场。又要求所有的建筑都必须符合规定的标准和风格，尤其是所有房子都必须装有名为"庞巴尔笼子"的防震木质结构框架。由于木架对称而且伸缩性较大，能够分散地震力量。为了提高重建速度，庞巴尔还大力提倡预制，所有的铁活、木活、瓦片、陶砖以及建筑门面都是标准尺寸，主要的大街都是60步宽，其中50步是马路，10步是人行道，而且所有的街道都按照当时最先进的城市设计，装有路灯、下水道和厕所。

里斯本的重建前后持续了20年，最终使新城成为布局合理、建筑科学的城市。里斯本人民在废墟上重建家园的行动也成为当地人们共同的精神财富，而庞巴尔无疑是功劳最大的那个人。

庞巴尔铜像

(里斯本庞巴尔侯爵广场)

　　实际上，庞巴尔二十多年的大臣生涯，影响遍及葡萄牙全国。他推崇理性，相信科学，深受启蒙思想影响，辅助约瑟一世在葡萄牙推行了多项改革，使国家在贸易、税收、司法、宗教、教育等多方面都有显著进步。然而，他依靠约瑟一世的信任，用强权打击反对者的做法也引来许多争议。因此，庞巴尔铜像旁的那个狮子，威猛凌厉，意味深长。

96　十二生肖铜兽首

2008年7月，法国佳士得拍卖行发布公报宣布，将于2009年2月举办"伊夫·圣洛朗与皮埃尔·贝尔热珍藏"专场拍卖会，其中包括在战争期间被英法联军掠走并流失海外多年的中国圆明园流失文物——鼠首和兔首铜像。拍卖会当天，鼠首和兔首的最后落槌价都被推到了1400万欧元。

这件事在国内引起轩然大波，人们群情激奋，从官方到民间都强烈反对拍卖行为。国人认为，"拍卖是一种合法行为，如果这两件兽首能拍卖，那就等于把赃赃漂白了"。实际上，这已经不是圆明园兽首第一次刺激到中国人的神经，在此之前，任何关于兽首的下落消息、流转交易或拍卖信息，都会牵动国人的注意力。人们将这些兽首铜像视作国耻的象征，每一次关于它们的报道，都会揭开国人对近代屈辱历史的痛苦回忆。那么，这十二只生肖铜兽首究竟是何来头，竟然承载着那么多意义呢？

十二生肖铜兽首原为圆明园中西洋楼，海晏堂前的扇形水池喷水台南北两岸12石台上的装饰。池正中是一个高约两米的蛤蜊石雕，池两旁呈八字形各排出6个石座。南岸分别为子鼠、寅虎、辰龙、午马、申猴、戌狗；北岸则分别为丑牛、卯兔、巳蛇、未羊、酉鸡、亥猪。这些肖像皆兽首人身，头部为铜质，身躯为石质，中空连接喷水管，每隔一个时辰（两小时），代表该时辰的生肖像，便从口中喷水；正午时分，十二生肖像口中同时涌射喷泉，蔚为奇观。因此，人们只要看到哪个生肖头像口中喷射水柱，就可知道大概时间。这一组喷泉就是一个巨大别致的水力时钟。圆明园兴建于乾隆年间，当时国库充盈，有大把的银子可以往亭台园林和雕梁画栋上抛撒。这组精巧奢华的设计，便是由宫廷西洋画师意大利人郎世宁主持设计，法国人蒋友仁监修，宫廷匠师制作的。

这些青铜生肖雕像高50厘米，它所用的铜，是专门为宫廷所炼制的合金铜，内含诸多贵重金属，与北京故宫、颐和园陈列的铜鹤等所用铜相同，颜色深沉，内蕴精光，历经风雨而不锈蚀。铸造兽首的匠人也都是常年为皇家工作的宫廷大匠，他们精心铸造，铜像表面还以精细的錾工刻画，铜像上动物绒毛等细微之处皆一凿一凿锻打而成，清晰逼真，鼻、眼、耳等重点部位及鼻上和颈部褶皱皆表现十分细腻，不见一丝马虎，展现出很高的工艺水准，具有较好的艺术和审美价值。

十二生肖铜兽首

倘若清朝能够长久太平，这些兽首无非就是皇家奢靡生活的反映，是统治者膏腴天下、独夫作乐的罪脏物证。然而1860年，英法联军打进国门，占领北京，火烧圆明园，纵兵抢掠了里面的珍宝，十二兽首也被劫掠者悉数抢走。这些文物的遗失，在当时普通百姓看来也不关自己的事，那是皇家的私人财产。但随着民族独立意识的觉醒，圆明园被洗劫渐渐就成了国家耻辱的历史回忆。

自鸦片战争后，中国被列强掠夺盗骗的文物何止千万，在国外所有知名博物馆中，中国藏品共计有160余万件，包括其他民间收藏的中国文物在内，流散在海外的所有中国文物总数在1700万件以上，这个数字大大超过中国本土博物馆与民间的收藏量。这成为中国人心中永远的痛。而圆明园兽首一次次被拍卖炒作，则不断刺激起国人对这段历史的回忆，于是兽首便成为被劫掠文物的缩影和代表，已经远远超出其本身的意义。

虎首铜像

(保利艺术博物馆藏)

　　实际上，当兽首最初被劫掠到西方时，并没有被当作特别珍稀的宝贝。西方也有大量的园林，类似的铜雕随处可见。有些兽首进入寻常百姓家，用来挂毛巾衣袜，最初交易价也不过1500美元一个。而客观地说，圆明园铜兽首的造型和工艺固然精湛，但其艺术价值也与它后来被炒作的价格不相符。那超出了其本身价值的部分是什么？是国人抹之不去的屈辱感。兽首保存者也正是利用这一点，将它们炒上了天价。

　　经过国人多年的努力，现在牛首、猴首、虎首、猪首和马首铜像已回归中国，收藏在保利艺术博物馆。2013年4月26日，法国皮诺家族在北京宣布将向中方无偿捐赠青铜鼠首和兔首。这两件兽首铜雕在2008年的拍卖会上虽然落槌，但最终并未成交，如今已完璧归赵。

　　另外，据悉龙首目前在台湾地区保存完好，而剩下的蛇首、鸡首、狗首、羊首仍然下落不明。关于它们的消息，必将继续牵动国人的神经。

97　上海外滩的铜狮

去过上海外滩参观的人，除了欣赏黄浦江对岸的东方明珠外，可能也会注意到外滩还有一栋高大雄伟、外表与华盛顿白宫有几分神似的建筑物。这座建筑现为上海浦东发展银行的总部驻地，而人们常常以汇丰银行大楼或市府大楼来称呼它。厚重洋气的外表加上复杂的名称变更，彰显出这座建筑有不寻常的历史。先别急着与它合影，不妨穿过马路来到跟前看个仔细，你会惊喜地发现，在其大门两侧，卧着两只栩栩如生的大铜狮子。这是两头雄狮，头大脸阔，鬃毛低垂，体形矫健，威风凛凛，仿佛立马要站起来，一只嘴巴紧闭，神情肃穆地直视前方，露出不可挑战的威严；一只扭头看向你，懒散地张嘴打着哈欠，露出尖锐的獠牙，却显出几分慈祥和可爱。这两只铜狮子与汇丰银行大楼一样，都有着丰富的经历，其背后的故事反映了上海历史的变迁。

汇丰银行的全称叫香港上海汇丰银行，1864年由在香港的怡和、沙逊、旗昌等10家洋行发起成立。1865年4月3日上海分行开业，最初的办公地点在南京东路外滩中央饭店底层，即今和平饭店南楼。1874年，该行以白银6万两买下外滩海关大楼南面的西人俱乐部房屋和大草坪，改建成3层楼。1921年，该行又以每亩4000两白银的价格买下南边11号别发洋行和10号美丰洋行房产，将老房拆除后开始兴建留存至今的汇丰银行大楼。

汇丰银行是所有在华外资银行中实力最强的，是晚清和北洋政府偿还外债和赔款的主要经收机关，是代总税务司收存保管中国内债基金、收存中国关税的主要银行。汇丰银行意气风发的高管们期望新建的外滩大楼能成为汇丰在远东能传之久远的财富堡垒，希望建成的大楼能够永远象征日不落帝国的财富、威仪和尊严。1921年5月5日，按照公和洋行制定的设计图纸，德罗·可尔洋行作为承建者正式动土施工。1923年6月3日汇丰外滩新楼竣工，《字林西报》称赞它是从远东到白令海峡最好的建筑。大楼耗资达1000万银元，差不多是汇丰银行两年利润的总和。这是一幢仿古典主义风格的庞大矩形建筑，占地面积和建筑面积均居当时外滩建筑首位。

汇丰的香港总经理亚历山大·史提芬在大楼尚在施工时，就构思门前的装饰物。后来，英国皇家艺术研究院候选院士、雕塑家亨利·普尔送来了一对狮子模型，他便是第一代汇丰铜狮的设计者。同样来自英国的弗罗姆根据设计负责浇铸了铜狮，模具在铸造完成后销毁，以保证作品的唯一性。从英国定制完成的两尊青铜狮，在新大楼完工后安放于正门前，尽显汇丰银行在金融界的威风、霸气。铜狮子每只重2250磅，分别以当时汇丰香港总经理史提芬和上海分行总经理施迪命名。张嘴的是"史提芬"，闭口蹲坐的是"施迪"，它们分别寓意银行吐、纳资金。

外滩铜狮"史提芬"

两只狮子很快融入了上海这座城市，成为外滩一道独特风景。外滩川流不息的行人也大多喜欢它们两个，人们会有意触摸狮子的爪子，相信这会带来权力和财富，这被称为"幸运触摸"。《亚洲杂志》曾专门谈到了这个问题："中国的普罗大众对银行宏伟富丽的建筑无感，但银行入口处那对铜狮激发了人们极大的兴趣。两只百兽之王的爪子在这十多年当中被无数次地触碰，人们相信这将会为他们带来权力和财富。"后来，香港汇丰银行于1935年新落成的大楼前，也以上海外滩铜狮为蓝本，制作并安放了一对一模一样的铜狮子。再后来，在总部前放置一对铜狮子，已经成了汇丰银行不成文的规矩，因此汇丰银行又被称为"狮子银行"。

外滩铜狮"施迪"

从1923年落座在外滩12号，两尊铜狮一直蹲守在那里，直到1966年"文化大革命"爆发。新中国成立后，"上海汇丰银行渐渐结束了业务，准备退出上海滩。汇丰银行在与政府进行转让资产谈判时，曾再三要求以1000英镑的代价，运走上海汇丰银行的铜狮子。但当时中国规定铜料不准出口，且这对铜狮子属银行大厦建筑的一部分，未能予以同意"。

1956年汇丰银行大楼成为上海市政府办公大楼，两尊铜狮仍然守卫在门口。1966年，这对铜狮子成为破"四旧"的目标，要送到冶炼厂回炉。在当时上海博物馆的努力争取下，以"为了给群众进行教育"的名义，被押送至上海博物馆设在永嘉路的上海滑稽剧团仓库内，一直珍藏至今。

汇丰银行在1990年代曾经与上海市政府接触，想购回大楼，但最终因价格原因没有实现。1997年上海浦东发展银行采取置换的方式获得大楼使用权后，曾谋求让1923年原版铜狮回归原位，但其既已是文物，自然没有成功，无奈之下只得出资复制。现在游客留影、孩童攀摸的这对铜狮正是1923年外滩铜狮的原样复制品，连尾巴上讲不清来历的锯痕都原样再现。

2010年，浦东陆家嘴汇丰上海新总部大楼落成，与原汇丰银行旧址隔江相望，其门前也有两只铜狮，但它们却是根据汇丰香港总部铜狮的原版复制而成的。值得一提的是，香港汇丰总部的这对铜狮也是历经坎坷。1942年日军攻占香港后因物资紧张，曾试图将铜狮运至日本回炉取铜。香港的两尊铜狮被运至横滨，存放于码头仓库，准备熔为军火材料。二战结束后，它们在大阪造船厂被一个美军水手发现。麦克阿瑟下令将两尊铜狮运回了香港，它们被重新安置在汇丰银行香港总部大楼前。

如今，上海有三对铜狮，一对保存于上海市历史博物馆，是原版的"施迪"和"史提芬"，它们现在人民广场跑马厅大楼一楼展出；一对是根据博物馆铜狮复制的"施迪"和"史提芬"，放在外滩汇丰银行旧址（现浦发银行总部）门前；还有一对放在陆家嘴汇丰银行上海总部新址门前，是根据汇丰银行香港总部门前的狮子复制而成的，与原版"施迪"和"史提芬"整体相似，有微小差别。

98 撒尿小童

在布鲁塞尔城市中心广场恒温街（Rudel'Etuve）及橡树街（Ruede Chene）转角处，有一个《撒尿小童》铜雕塑，高约50厘米，小男孩赤身裸体，不停地朝前面的水池里撒尿，十分生动形象。这尊青铜小像建于1619年，是由比利时雕刻家杜克思诺所打造的，有将近400年的历史了。铜像中的小男孩名叫于廉，被誉为"布鲁塞尔第一公民"，有关他的故事以及为什么要为他雕塑撒尿铜像的原因，有各种不同的表述和解释。

撒尿小童

带有宗教和魔法色彩的故事有两个。一个故事里说，小于廉非常调皮，专爱站在楼顶向出殡的人群撒尿，而这激怒了路过的女神，于是罚他永远撒尿。这一故事中，女神对待一个天真顽皮捣蛋的小男孩，竟然施加如此重的惩罚，未免显得太缺包容和爱心。另一个故事里说，曾经有一位恶毒的巫师和一位善良的老人住在布鲁塞尔大广场附近的同一条小巷子里。一天，调皮的小男孩对着巫师的门口撒了一泡尿，生气的巫师施法让小男孩不停地尿尿。善良的老人想出了一个解决的办法，他悄悄地造了一座尿尿小孩的塑像，成功地为小男孩解除了魔咒。这个故事仍然太过直白，算不上经典的童话，布鲁塞尔的人们大概不会为了这样一个简单的虚构故事在市中心广场建造一座铜像吧。

小男孩应该有现实生活中的人物原型，而关于小童撒尿的现实来源的说法，也有许多种。

说法一：1142年，哥特佛瑞德三世公爵（Duke Gottfried Ⅲ）领军对抗外敌，就在军队落败之际，公爵将自己的小儿子放在摇篮里挂在树下，用来激励军队士气，最后成功击败了敌军，凯旋而归。这个故事不仅情节上与现实常理相违背，而且无法解释撒尿的造型，因此不足为信。

说法二：小于廉半夜起来尿尿，看到邻居的房子着火，小于廉找不到水源扑灭，灵机一动撒尿把火熄灭，解救了受困的人，为了感念小于廉而在原地做个铜雕像永远保留。这种说法更为荒诞，如果是连大人都无法扑灭的大火，一个小童的尿就能解决问题？即便于廉撒尿浇灭的是火种，防患于未然，也犯不上为之立像，因为人们无法预料火灾将造成多大损失，至多会夸赞一下小于廉的机智。

说法三：流传最广的是古代西班牙入侵者在撤离布鲁塞尔时，欲用炸药炸毁城市。幸亏小于廉夜出撒尿，浇灭了导火线。

说法四：为了制服布鲁塞尔人，神圣罗马帝国的统治者打算用炸药把这个地区炸毁。在一个寂静的黑夜里，日耳曼士兵埋下了许多炸药，并点燃长长的引线，小于廉发现之后急中生智，尿尿浇熄了导火线，却暴露了自己，被敌人的箭射中身亡。

说法五：17世纪末，法国又企图把布鲁塞尔纳入自己的统治，向布鲁塞尔发起疯狂进攻，被击退后恼羞成怒，一天晚上法军潜到城边，安放炸药，点燃了导火线，要炸毁城墙。在这千钧一发之际，被一个从屋里跑出来准备撒尿的叫于廉的小男孩发现，用尿把导火线熄灭，又叫醒睡着的大人们，投入战斗，打败了法军。战后市长亲自授予小男孩奖章，并称他是"布鲁塞尔第一公民"，为他戴上桂冠。为了纪念小男孩的救城之举，人们制作了这尊铜像，并竖立在当年浇灭导火线的那条街上。

后三种说法的历史背景信息差别很大，尤其是第五种说法，事件时间竟晚于撒尿小童铜像的雕铸时间，但它们有一个共同情节是小于廉机智地用尿作水源，熄灭了可能引燃炸药的引线，从而保护了布鲁塞尔城市的安全。这一传奇的故事加上事实的功勋，倒是足以让布鲁塞尔市民为小于廉建起一座撒尿小像，永资纪念。

同许多露天雕塑一样，《撒尿小童》铜雕自树立在广场上之后，也遭遇几番劫难。1747年，驻扎在布鲁塞尔的法国军队将小于廉的塑像拆掉了，这是小于廉雕像有史料记载的第一次遭劫。1871年，来自法国的一个流浪汉将小于廉的

身着唐装的撒尿小童

（布鲁塞尔）

塑像砸碎了，愤怒的布鲁塞尔人判处了他终身监禁，尔后寻回了所有的铜碎片重新锻造，赋予了小于廉新生命，同时也将这段历史雕刻在了塑像的底座上。最严重的一次破坏发生在1965年，一个清晨人们发现，小于廉的塑像不翼而飞，基座上只剩下两只小脚。经过了大规模地搜寻，直到第二年才从布鲁塞尔的环城河中找到了塑像的身体部分，并进行了史上第二次彻底的修复。

最近的一次危机，则发生在2014年9月1日，在这一天，小于廉的塑像被人喷上了黄色的油漆。比利时举国震动，警方介入调查。鉴于小于廉的雕像总是面临危机，布鲁塞尔政府决定将其真身送进博物馆保存起来，而现在人们在橡树街看到的小于廉铜像，则是根据1630年的造型仿制的。

不管怎么样，喜欢小于廉的人们毕竟占绝大多数，给他造成伤害的只是少数极端人士。小于廉的故事和撒尿造型已经为全世界人们所知晓，布鲁塞尔城市广场每年都会有成千上万的游人慕名而来，一睹小于廉机智俏皮的形象。另外，来自世界各地的个人、组织或政府也会为撒尿小童送上衣帽服装，这些童装已经有近千套，保存在当地博物馆专属小于廉的衣柜里。我国政府也曾多次给小于廉赠送衣服，包括唐装、马褂等中国传统服饰。2014年10月1日，为庆祝中华人民共和国成立65周年，比利时首都布鲁塞尔市政府决定在10月1日为撒尿小童小于廉铜像穿上中国传统服装。可见，小于廉还可以代表国家，发挥着文化友好交流的作用。

99 艰苦岁月

在80后的记忆里，小学语文课本上有一篇叫作《在艰苦的岁月里》的短文，配上铜塑像的插图，深深地印入了很多人的脑海。那是一篇通过描述一座铜塑像，介绍在革命的艰苦年代里，一位老红军战士和一位革命"红小鬼"在战事之余，对未来充满希望与憧憬的故事。

红军打退了敌人的又一次进攻，在山坡上休息。天色渐渐暗下来，周围非常寂静。山谷中响起了悠扬的笛声。

吹笛子的是一位老红军。他坐在石头上，赤着脚，身上的衣服很破了，腰里挂着驳壳枪，帽子上的五角星红得十分鲜艳。他颧骨很高，额上的皱纹很深，浓浓的眉毛下面，一双眼睛特别有神。一位十来岁的小红军偎依在他的身旁，右手托着下巴，侧着耳朵倾听。小红军也赤着脚，衣服也很破，搂着一支跟他差不多高的步枪。

这位老红军，很可能原来是个长工；小红军呢，也许原来是个放牛娃。这一老一小都来到了人民的军队，跟着共产党、毛主席闹革命。战斗的岁月非常艰苦，可是他们充满了胜利的信心，相信一定能够彻底打垮敌人，使穷苦人都翻身做主人，过上幸福的生活。

小红军听着笛声，出神地望着远方。他看到了未来，看到了希望。

老师们在课堂上解读铜像的含义，讲述革命年代艰苦的往事，引起了一代人对雕塑中人物的深切同情和崇敬。然而，人们可能不知道的是，这尊铜像本身从创作到成名再到走进课本，背后也有一段曲折的故事。

铜像的作者是我国著名雕塑家潘鹤。潘鹤1926年出生于广州，当时轰轰烈烈的广州起义被反动势力镇压下去，广州城处于腥风血雨之中。社会的变革、家庭的磨难，给幼年的潘鹤留下愁苦的回忆，日本帝国主义对中国大好河山的蹂躏，战乱中的中国到处民不聊生，也使潘鹤对于中国人民遭受的苦难有了切

艰苦岁月

（中国国家博物馆藏）

身的沉痛感受。新中国成立后，他决定用雕塑刀将这些个人的记忆和民族的历史用艺术的形式表现出来，《艰苦岁月》铜像便是他的代表作。

《艰苦岁月》铜像创作于1956年。这一年，中央军委总政治部为了庆祝建军三十周年筹备美展，向全国个别美术家征集作品。下达给潘鹤的创作任务是用油画表现第四野战军解放海南岛的辉煌战果。潘鹤在接到任务后，直赴海南，深入生活搜集素材。在这一过程中，潘鹤了解到1927年9月中国共产党以海南岛农民起义队伍为基础组建了一支人民武装，叫作琼崖纵队，创立了以五指山为中心的革命根据地。这支人民武装在土地革命战争、抗日战争和解放战争中经历了长期艰苦卓绝的斗争考验。海南游击队在战争处于失败和革命处于低潮的历史阶段坚持斗争，顽强生存的故事感动了潘鹤，他决定放弃那些炽热宏伟的革命胜利场景，而选择对革命低潮时期局部的特写，表现艰苦战争间隙的静谧和欢愉。

铜塑作品拿出来后立刻受到欢迎，不仅获了奖，连邓小平、陈毅、彭德怀、林彪等一班统帅都曾兴致勃勃围着《艰苦岁月》铜像追谈当年革命往事。显然，《艰苦岁月》铜像打动了这些革命老帅。

然而，没过几年，铜像便遭受批判，它被认为是有意展现革命失败颓丧的一面，是攻击中国革命队伍。铜像被移除革命历史博物馆，丢进了杂物间，其作者潘鹤也受到批判，被质问为什么不正面表现革命胜利的大场面，偏要表现革命失败的小角落。

"文化大革命"结束后，社会秩序恢复正常，艺术审美导向和氛围也回归正常，《艰苦岁月》铜像的艺术价值重新受到认可和尊重。这是一座来源于生活、带有饱满的真情和强烈感染力的铜塑，它的艺术成就和历史价值不会因为批判而减少光辉。它受到的欢迎也正说明了，带有真情实感的艺术作品，才能真正打动人、感染人，远强于空洞的宏大叙事。

100　孔子圣像

2011年1月11日，一座身高7.9米、基座1.6米，由17吨青铜铸造成的孔子雕像，悄无声息地竖立在了中国国家博物馆（以下简称"国博"）的北门广场，即长安街南侧。这一区域严格来说已经不在天安门广场范围之内，但对于不少老北京人来说，还是将它视为天安门广场的一部分。这使得铜像的出现带有某种象征意义，引发了广泛的关注和热议。

然而，在4月20日，也就是铜像落成的第100天，却又被悄悄移走。许多慕名而来要与孔子铜像合影的人，只见到原来铜像的基座矗立在国博北广场。铜像则被移到国博面向天安门广场一侧的西北角"U"形建筑下方的露天空地上。

进博物馆参观的人们，需要仔细留意才能注意到孔子像静静地伫立在左手边的空地，三面都是高墙，它像是被无意中遗落在那里的物件，与周边冷冷清清的环境极不协调。孔子铜像的移出事件，引来了更为广泛的关注，有人赞同，有人反对，争论激烈。

对于此事，博物馆方面表示，此次孔子像搬家，只是根据中国国家博物馆扩建工程整体设计进行的，在馆内西侧南北庭院设立雕塑园，陆续为中华文化名人塑像，第一尊完成的是孔子像。之前因庭院建设工程未完工，孔子塑像暂放在国博北门外小广场。

目前，庭院建设已竣工，按设计方案，将孔子塑像移至国博西侧北庭院内。而这一说法并不能平息争端，不同的人从不同的角度发表了看法。

赞同移出的主流意见认为，国博北门也属于广义的天安门广场区域，地理位置敏感，任何举动都会被赋予政治意义，在某种程度上是国家意志的体现，而当今之世，并不是每个人都推崇儒家这套古代礼法和信仰，将儒家创始人孔子树为全民偶像，是"不合群、不配套、不适时、不恰当"的行为。

　　还有人从建筑美学的角度做了分析，认为作为一尊与中国国家博物馆建筑配合的雕塑，孔子像的位置很尴尬：若放在国博北广场，他是面向北方，不符合立像朝向的一般做法；而如果放在国博西侧大门，他将面对着天安门广场，尽管它有三层楼高的规模，却远不能与将近38米的人民英雄纪念碑相比，从远处看上去会像个墨点，打破广场的对称，但像已塑成，只好将它藏起来。

　　在反对移出的阵营中，有些人承认立像位置的特殊性与敏感性，但他们也正基于此才支持在此树立铜像。他们认为，在中国家喻户晓、历代被称为"圣人"的孔子，是中国传统文化的代表，也是中国文化的名片，在国际社会有着广泛而深刻的影响。因此只有孔子最有资格代表国家文化，在天安门广场附近向世界展示中国魅力。

　　一些大学教授甚至联名撰文，指出尊孔立像，是复兴中华文化，彻底解放思想、重建中华民族精神的必经之路，象征着中国正在彻底地走向"国家、民族"的认同，因而支持在天安门前立孔子像。

　　还有一些批评者反对将事情过分政治化的理解，他们认为国博门口的孔子铜像"安放是轻率的决定，搬走更是欠考虑的行为"。因为安放时未必会引起人们太多的联想，而安放了100天之后草草将其搬走，则势必会引起较大的猜疑和纷争，这是人为地使事件具有象征意义，使问题复杂化，让本来或许平常的事件变得扑朔迷离。另外，将孔子铜像随意搬来搬去，最后放置在一个不留意就不会注意到的隐蔽角落，也是一种尴尬。

客观地说，儒家是中国文化的正统和主流，孔子是千百年来华夏民族共尊的圣人，如今其影响力已遍布全球，给其立像并不为过。实际上，全国各地有大小孔子铜像无数，而关于它们的树立或移动，都不会引起这么大的关注度。国博北广场的孔子像之所以引起纷争和各种解读，与国博的身份和它所处地理位置的敏感性密不可分，这是毋庸置疑的。

101 沙奎尔·奥尼尔的铜像

2017年3月25日，在美国洛杉矶斯台普斯球馆外，湖人队树立起NBA历史上最伟大的中锋之一——沙奎尔·奥尼尔的铜像，以此表彰他对于湖人队所做出的贡献。

沙奎尔·奥尼尔1972年出生于美国新泽西内瓦克，职业篮球运动员，司职中锋，1992年以状元身份被奥兰多魔术队选中，1996年来到湖人队，开启了他职业生涯的巅峰时期。在为湖人队效力的8个赛季里，他场均能够拿到27分、11.8个篮板、3.1次助攻、2.5次封盖，与科比·布莱恩特组成的KO组合在联盟横行无阻，所向披靡，于2000~2002年间率队完成三连冠的霸业，缔造了"紫金王朝"的传奇历史。

奥尼尔称得上是个巨无霸，身高2.16米，体重325磅，天生神力，外号"大鲨鱼"，职业技术特点是以暴力扣篮和篮下灵活的小勾手为必杀技，曾数次扣碎篮筐，是篮球运动中暴力美学的代表。因此，他的这座铜像也是根据这一特点，选取他暴力扣篮拉框的造型，根据其真人一比一的比例复原制作。铜像悬浮于空中，扣篮瞬间势大力沉，令对手胆寒气馁，令观众血脉贲张，观之使人仿佛回到了喧嚣的比赛现场。

值得一提的是，这并不是奥尼尔的第一座铜像，早在2011年，他的母校路易斯安纳大学便在球队的训练馆外，为"大鲨鱼"树立起了一座与真人同比例的铜像，并且也是扣篮的姿势。而奥尼尔的铜像在名宿辈出的湖人队史上，在球员中则是排在了第四座，前面三座分别是埃尔文·约翰逊、杰里·韦斯特和卡里姆·阿布杜尔·贾巴尔。而奥尼尔铜像揭幕式当天作为嘉宾出场并发表演说的湖人名宿、奥尼尔的好搭档科比·布莱尔特，则很有可能成为继奥尼尔之后在斯台普斯球馆外第五位拥有个人铜像的湖人球星。

众所周知，NBA于1946年6月6日在纽约成立，这个由北美30支队伍组成

出席扣篮铜像揭幕式的奥尼尔

的男子职业篮球联盟，也是美国四大职业体育联盟之一，成立以来便是世界上水平最高的篮球赛事。如今，NBA的影响已经遍及全球，每年6月份的总决赛都会成为世界瞩目的事件，常见人们为了看比赛而逃课或请假的报道。因此，许多NBA中的球星成为人们心中的偶像和英雄。这在篮球发源地的美国更为狂热，篮球文化已成为美国体育文化中必不可少的一部分，超级球星的影响力非常之大。实际上，在奥尼尔之前，NBA中的许多巨星都有了属于自己的铜像。人们认为，能够在体育运动上做出伟大成就的人，就像伟大的艺术家、思想家和科学家一样，值得永久的纪念。让我们细数一下有哪些NBA球星已经在美国拥有自己的铜像。

凯尔特人的传奇比尔·拉塞尔曾为波士顿带来11座NBA总冠军奖杯，是联盟目前赢得总冠军戒指最多的人，被称为"指环王"，前无古人，恐怕也后无来者。这位1934年出生的球员至今身体硬朗，每年会出现在NBA总决赛最后一场的总冠军颁奖典礼上，亲手将总决赛MVP奖杯颁发给为赢取冠军做出最重要贡献的那个球员。波士顿人为了纪念拉塞尔为这座城市带来的荣耀，在市政厅广场为他树起了铜像。

威尔特·张伯伦是NBA里的"史前巨兽"，曾效力于旧金山勇士队和费城76人队等，被认为是NBA历史上具有统治力的球员之一。1962年3月2日，他在对阵纽约尼克斯的比赛中，63投36中，罚球线上32罚28中，帮助费城以169：147获得胜利。而他在这场比赛中得到了100分，纪录至今无人能破。为了纪念这一伟绩，费城为张伯伦塑造了一尊铜像。

卡里姆·阿布杜尔·贾巴尔是湖人队的传奇，职业生涯20年，19次入选全明星，是NBA历史得分王。他14年效力湖人，拿手绝活是单手抛投，有"天勾"之称，帮助湖人获得5个总冠军。在斯台普斯球馆外，贾巴尔的铜像以他经典的投篮姿势——右手执球抛投，左手护球的方式呈现在人们面前。

迈克尔·乔丹是篮球之神，他一手将公牛带成王朝球队，将NBA带到一个前所未有的高峰，也是他将NBA的影响带向了全世界。他在职业生涯中取得了无数的荣誉：5次常规赛MVP，6座总冠军奖杯，6次总决赛MVP，14届NBA全明星，10次入选NBA最佳第一阵容，1次最佳防守球员奖，9次入选NBA最佳防守第一阵容。他卓越的弹跳、超群的技术、强烈的好胜心和对比赛的判断与掌控使他成为NBA独一无二的存在。他的铜像目前矗立在芝加哥联合中心体育馆外，已经成为芝加哥市的一大旅游景点。

另外，拥有自己铜像的超级球星还有公牛队的斯科蒂·皮蓬，凯尔特人队的拉里·伯德、鲍勃·库西，爵士队的卡尔·马龙和约翰·斯托克顿，老鹰队的多米尼克·威尔金斯，76人队的朱利叶斯·欧文，等等。

为NBA球员树立铜像，是对球员生涯成就的最高肯定，是一项极高的荣誉。分布在全美各地的NBA球星铜像，也展示了篮球文化在该国的兴盛。伟大的运动员往往代表了人类在力量、速度、技巧、协调、配合等方面能达到的最高的成就，对他们的称赞，就是对全人类的讴歌。因此，这些铜像也就不再仅仅是对球员个人的纪念，更是对体育文明的推崇。

沙奎尔·奥尼尔的铜像